무채색 공간
홀로코스트 메모

무채색 공간

홀로코스트 메모리얼

초판 1쇄 펴낸날 2021년 1월 29일

지은이 | 이상석
펴낸이 | 박명권
펴낸곳 | 도서출판 한숲
출판신고 | 2013년 11월 5일 제2014-000232호
주소 | 서울시 서초구 방배로 143 그룹한빌딩 2층
전화 | 02-521-4626 **팩스** | 02-521-4627
전자우편 | klam@chol.com
편집 | 김선욱 **디자인** | 윤주열 **출력·인쇄** | 한결그래픽스

ISBN 979-11-87511-25-0 93520

::책값은 뒤표지에 있습니다.
::파본은 바꾸어 드립니다.
::이 저서는 2018년도 서울시립대학교 교내학술연구비에 의하여 지원되었음.

The Space of Achromatic Color, Holocaust Memorials

무채색 공간

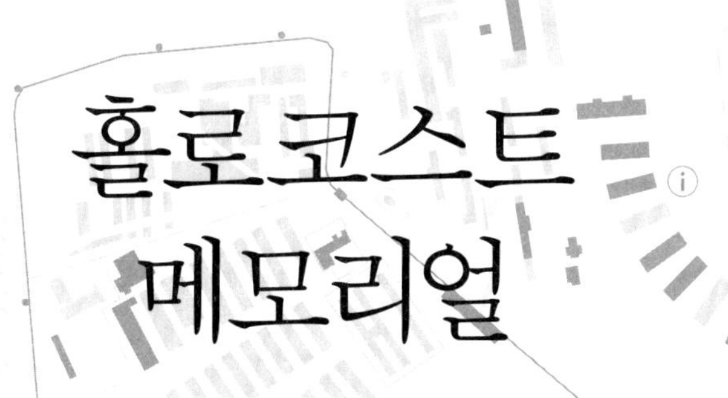

홀로코스트 메모리얼

이상석 지음

'조경가'의 관점으로 본 「홀로코스트」 기억의 장소와 기념공간의 의미

원하는 기억(記憶)이나 상상의 기억은 부정확하다. 심지어는 의도적으로 기억의 오류를 노리는 집단이 준동하여 역사적 사실을 왜곡하기도 한다. 누구에게는 불편한 역사이지만, 어느 집단에게는 새로운 목적을 위한 수단으로 사용되기도 하였다. 더 두려운 것은 기억을 망각(忘却)하고 이러한 의도적 범죄를 묵과하는 우리의 태도이다. 역사가 일깨우는 전쟁과 인종차별의 비극을 되풀이하지 않아야 한다. 홀로코스트 메모리얼을 통한 성찰(省察)은 소중하다.

일러두기

1. 저자의 사진 저작권은 별도로 표기하지 않았다.
2. 지명, 인물 등의 표기는 한글을 원칙으로 하고 영문을 병기하였으며, 필요시 해당 국가의 언어를 추가로 병기하였다.
3. 유럽 지도 및 수용소 지도는 기존의 자료를 근거로 현지조사 결과를 반영하여 재작성하였다.
4. 본문에 인용된 유대인 인구는 2017년 '야드바셈'에서 발행한 자료를 사용하였고, 수용소별 수감자 및 희생자 수는 관리기관의 공식 자료를 인용하였다.
5. 홀로코스트 수용소는 나치 정권 초기에는 범죄자·정치범 등을 투옥하는 교도소였으나, 제2차 세계대전이 발발하면서 유대인·집시·전쟁포로 등을 수용하고 군수물자를 생산하는 수용소로서의 역할이 커졌다. 본문에서는 홀로코스트와 관련하여 '강제수용소'로 표기하였으며, 학살을 목적으로 만들어진 비르케나우, 소비보르, 베우제츠, 트레블링카, 헤움노 수용소 등은 '절멸수용소'로 부르기로 하였다.
6. 나치 점령 하 폴란드에 있던 나치의 절멸수용소를 '폴란드 수용소'라고 부르는 것은 폴란드가 설립한 것으로 오해할 수 있으므로, '폴란드에 있는 수용소 메모리얼'로 표현하였다.
7. 수용소에는 전쟁물자 생산을 위한 노동자, 유대인, 집시, 정치적 반대자 등이 있었기 때문에 수용자 또는 수감자로 혼용하여 부를 수 있으므로, 본문에서는 문맥에 따라 달리 사용하였다.
8. 독자의 이해를 돕기 위해 설명문의 미주 번호는 주황색, 인용문헌의 미주 번호는 녹색으로 달리하여 표기하였다.

감사의 글

홀로코스트와 관련된 강제수용소나 메모리얼은 비극적 사건의 중심이었던 장소적 특성 때문에, 현장을 답사할 때마다 어둡고 무거운 느낌을 떨칠 수가 없었다. 대부분의 강제수용소는 외딴 곳에 위치하고 있어서 접근이 쉽지 않았다. 베르겐-벨젠, 소비보르, 베우제츠, 트레블링카 수용소 메모리얼에서 그 넓고 황량한 곳에 혼자만 남겨져 있었을 때, 긴장감과 적막감을 잊을 수 없다.

독일에서는 수개월에 걸친 현지조사를 마치고 프랑크푸르트 공항에서 출국심사를 받던 중, 가지고 있던 많은 홀로코스트 관련 자료로 인해 조사를 받기도 하였다. 폴란드 국경에서 가까운 소비보르 수용소에서 보안요원의 검문을 받았던 일도 생각난다. 한편, 베우제츠와 돈야 그라디나, 미텔바우-도라 수용소 메모리얼에서 만난 박물관 큐레이터 에바 코퍼Ewa Koper, 디르크 데 호예이어르Dirk de Gooijer, 미르코 디미치Mirko Dimić 씨는 먼 나라 한국에서 온 학자를 위해 시간을 아끼지 않고 친절히 안내하며 관련 자료를 제공해 준 고마운 분들로 기억된다.

많은 분들의 도움으로 이 책이 만들어졌다. 책을 출간할 수 있도록 흔쾌히 허락하고 지원을 아끼지 않은 박명권 대표님과 총괄해 주신 남기준 편집장님께 감사의 마음을 전한다. 책이 윤택해질 수 있도록 졸고를 꼼꼼히 교정하고 편집해 준 김선욱 차장님, 편집디자인을 해 준 윤주열 부장님, 까다로운 도면을 그려 준 김다희님, 원고 교정과 도면 작성, 외국어 번역 등을 도와 준 허석현 대학원생은 저자에게 큰 힘이 되었다. 이 분들께 고마운 마음을 전하고 싶다. 마지막으로 저자가 오랜 시간 메모리얼에 대해 관심을 둔 것을 이해하고, 독일 현지조사 초기에 다하우 수용소 메모리얼 등에 관한 조사가 필요함을 조언하여 본 저서를 만드는 데 모멘텀을 제공한 딸 송이와 조사과정을 함께하고 조언을 아끼지 않은 아내에게 감사를 전하고 싶다.

아치울 소담재에서

서언

1939년 9월 1일 나치 독일이 폴란드의 베스테르플라테Westerplatte를 공격하면서 제2차 세계대전이 발발하였고, 독일의 추축국樞軸國, Axis Powers*이었던 일본의 진주만 공습으로 전쟁은 태평양으로 확전되었다. 연합군의 노르망디 상륙작전Normandy Invasion, 벌지 전투Battle of Bulge, 스탈린그라드 전투Battle of Stalingrad가 벌어지고 1945년 5월 2일 베를린이 함락되었으며, 5월 8일 독일이 항복하면서 유럽에서의 전쟁이 끝났다. 한편 태평양에서는 미드웨이 해전, 이오지마 전투, 도쿄 대공습, 오키나와 전투 등을 거쳐 마지막으로 1945년 8월 6일과 9일에 히로시마와 나가사키에 원자폭탄이 투하되고, 8월 15일 일본의 항복으로 전쟁은 끝났다.

제2차 세계대전은 인류사 최악의 전쟁이자 최대의 전쟁으로 평가된다. 전쟁과 함께 발생했던 홀로코스트로 인하여 많은 사람이 희생되었다. 전쟁이 시작되면서 유대인에 대한 차별과 학대는 더욱 가혹해졌으며, 나치는 유대인, 집시, 장애인, 동성애자, 전쟁포로, 정치적 반대자 등을 감금하여 학살하기 시작하였다. 유대인을 게토ghetto에 가두고 절멸수용소로 보내 열악한 환경에서 죽게 하거나 조직적으로 집단학살을 하였으며, '포그롬pogrom'과 '죽음의 행진death march'을 통하여 많은 희생자가 발생하는 반인륜적 범죄를 저질렀다.

홀로코스트의 기억을 상기시키기 위해서 생존자들은 많은 경험을 증언하고자 하였다. 영화 「쉰들러 리스트」 및 「피아니스트」와 안네 프랑크의 자전적 소설인 『어린 소녀의 일기Het Achterhuis』 등 문학작품을 통하여 홀로코스트는 사회적으로 큰 관심을 불러일으켰다. 이제 홀로코스트가 발생한 지 80여 년 되었지만, 인간의 잔인한 야만성에 대한 본질적 질문은 계속되고 있으며, 정치·사회적 담론 또한 지속되고 있다.

이 책의 목적은 홀로코스트에 대한 정통주의와 수정주의의 대립을 토론하고자 하는 것은 아니다. 홀로코스트 기억의 붐에 편승하여 이방인의 관점에서 흥미를 찾는 다크 투어리즘dark tourism이나 홀로코스트를 상업화하기 위한 것도 아니다.

"역사는 그 시대 사람들이 어떤 생각을 했는지를 알려주는 데서 멈추지 않고, 오늘날 우리의 정체성을 형성한다. 홀로코스트와 같은 거대한 범죄가 일어났던 과거를 배워야 오늘날 민주적이고 관대한 독일 사회를 만들 수 있다"** 는 것처럼, 어둡고 아픈 기억 속을 헤매는 것은 슬픈 일만은 아니다. 다시는 그런 어두운 기억을 반복하지 않기 위한 성찰의 몸부림이다.***

제2차 세계대전과 나치에 의한 비극을 겪으면서, 유럽과 전 세계는 민족 우월주의에 빠진 대가가 인류를 얼마나 황폐화시키고 파멸의 길로 이끌 수 있는지 뼈저리게 체험하였다. 테러가 자주 발생하고 난민이 증가하며, 영국이 유럽연합EU에서 탈퇴하면서 하나의 유럽을 지향하는 목표에 어둠이 드리워지고 있다. 국가 간 자유무역에 기초하여 세계는 하나의 경제권으로 묶여 있음에도, 코로나바이러스감염증-19COVID-19의 창궐로 전염병에 대한 두려움은 국가 간 자유로운 접근을 어렵게 하고 있다. 게다가, 흑사병으로 인해 중세 시대에 유대인이 속죄양贖罪羊이 되었듯이, 대중의 공포와 불만을 악용해 극우 포퓰리스트populist 세력이 이민자, 타 종교, 아시아인을 혐오하는 주장을 퍼뜨리면서 배타적 민족주의가 기승을 부릴 조짐도 나타나고 있다.**** 지금까지 많은 사람이 인종과 민족이 다르다는 이유로 집단적 박해를 겪었다. 인종적 우월성이나 이념에 집착하고, 여기에 집단적 본능이 가세하여 타 집단을 박해하는 가해자, 역으로 핍박과 수난을 당하는 피해자가 되기도 하였다.

나치 시대에 저질러진 홀로코스트에서, 인간성 상실의 역사와 많은 희생자들의 죽음을 통해서 우리가 무겁게 느끼는 감정적 두려움을 '검은색'으로, 이와 반대로 무고한 희생자들의 순수함과 이를 극복하기 위한 인간의 숭고한 노력, 그리고 수용소 해방과 인류의 평화로운 미래를 '흰색'으로 나타낼 수 있다. 홀로코스트 메모리얼에는 어둡고 희미한 기억과 흑백의 장면이 갖는 비극성이 상존하며, 이러한 비극을 되풀이하지 않기 위한 인간의 다짐과 의지도 보이는 '무채색 공간'이다.

저자는 기억의 장소인 메모리얼에 관한 연구를 하면서 홀로코스트를 더욱 깊이 알게 되었다. 독일의 다하우 수용소, 베르겐-벨젠 수용소를 시작으로 폴란드, 체코, 네덜란드, 크로아티아, 보스니아 헤르체고비나에 있는 수용소 기념공간으로 관심이 확장되었다.

이 책은 수차례에 걸친 답사에서 수집한 자료와 현지에서 촬영한 사진을 토대로 기억의 장소에 대한 상세한 정보를 제공하고 있다. 독자들을 홀로코스트의 장소와 시간으로 안내하여 인간성 상실로 빚어진 인종학살의 잔혹한 역사와 심각한 윤리적 문제를 깨닫고 인종차별과 무사유로 인한 비극이 되풀이되지 않도록 하고자 함이다.

홀로코스트와 관련된 장소 및 기념공간은 나치에 의해 의도적으로 파괴되거나, 이데올로기나 정치·사회적 영향을 받아 변해 왔다.[*****] 조경가의 관점에서 홀로코스트의 기억과 장소적 의미를 살펴보고, 희생자를 추모하고 비극적 사건을 기억하기 위한 홀로코스트 메모리얼의 기념적 경관에 대하여 이야기해 보고자 한다.

* 제2차 세계대전 당시 연합국과 싸웠던 나라들이 형성한 국제 동맹으로, 독일·이탈리아·일본의 세 나라가 중심이었다. 비시 프랑스(Vichy France)처럼 추축국에 점령당해 연합국과의 전쟁에 동원된 나라도 있다.

** 「조선일보」 2019년 5월 7일자 A10면; 반제회의 기념관 교육 담당 스테겐의 인터뷰 내용

*** 정여울 작가, "다크 투어리즘, 그건 너무 가혹한 이름입니다", 「중앙일보」 2018년 3월 3일자

**** 손진석 특파원, "코로나가 살려낸 극우", 「조선일보」 2020년 5월 14일자 A16면

***** 이상석, "홀로코스트 강제수용소 메모리얼에 나타난 기념적 경관", 『한국조경학회지』 45(6), 2017.12., pp.98~114.

베스테르플라테 메모리얼: 베스테르플라테는 폴란드 그다인스크(Gdańsk)에 위치하고 있으며, 1939년 9월 1일 나치 독일의 공격으로 제2차 세계대전이 시작된 곳이다. 폴란드군이 적은 병력으로 독일군과 맞서 싸운 베스테르플라테 전투로 유명하다. 이곳에는 전쟁 추모 모뉴먼트가 세워져 있고, 메모리얼에는 "더 이상의 전쟁은 안 된다"(폴란드어: Nigdy Więcej Wojny)라는 글귀가 흰색으로 쓰여 있으며, 기념일에는 관련 국가 지도자들이 참석한 가운데 제2차 세계대전 발발 기념식이 개최되기도 한다.

히로시마 평화기념공원: 1945년 8월 6일 세계 최초로 원자폭탄이 투하되어 수많은 사람이 희생된 히로시마에 세계의 평화를 기원하는 의미로 공원이 조성되었다. 원폭 사망자 위령비, 평화의 종 등의 기념물이 설치되어 있으며, 북동쪽으로는 원폭 돔이 보인다.

나가사키 원자폭탄 낙하중심지 모뉴먼트: 1945년 8월 9일 원자폭탄이 낙하된 중심지에 검은색 화강암 모뉴먼트를 세우고 동심원으로 원폭 에너지가 퍼져나가는 폭발의 모습을 묘사하고 있으며, 이곳에서 불과 500m 떨어져 있었는데도 남겨진 우라카미 성당의 남쪽 벽 잔해를 이곳으로 옮겨와 설치하였다.

Contents

4편 홀로코스트 강제수용소 메모리얼에 나타난 기념적 경관

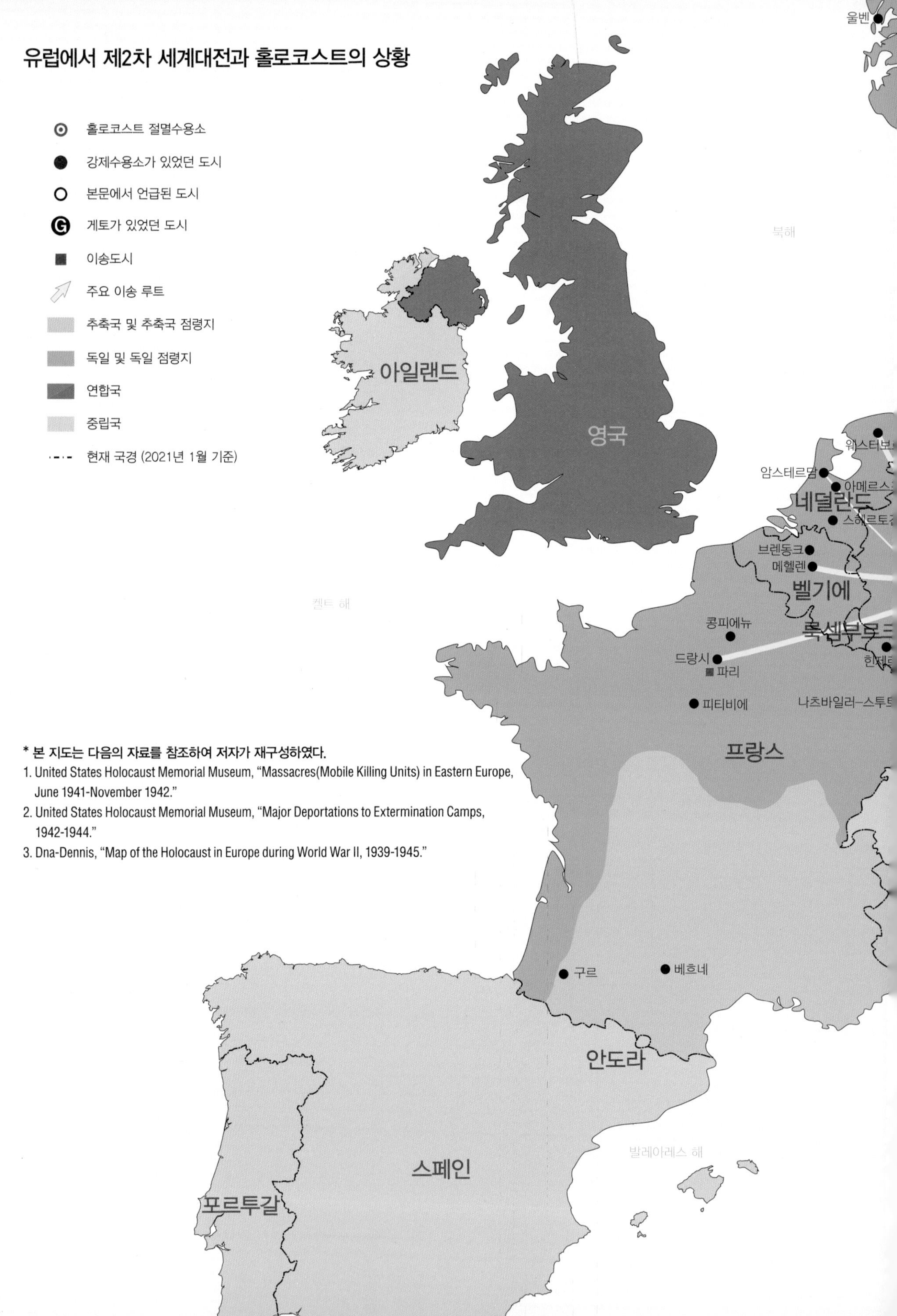
유럽에서 제2차 세계대전과 홀로코스트의 상황
홀로코스트 절멸수용소
강제수용소가 있었던 도시
본문에서 언급된 도시
게토가 있었던 도시
이송도시
주요 이송 루트
추축국 및 추축국 점령지
독일 및 독일 점령지
연합국
중립국
현재 국경 (2021년 1월 기준)
울벤
북해
아일랜드
영국
켈트 해
암스테르담
네덜란드
브렌동크
메헬렌
벨기에
콩피에뉴
드랑시
파리
피티비에
프랑스
구르
베흐네
안도라
발레아레스 해
스페인
포르투갈
* 본 지도는 다음의 자료를 참조하여 저자가 재구성하였다.
1. United States Holocaust Memorial Museum, “Massacres(Mobile Killing Units) in Eastern Europe, June 1941-November 1942.”
2. United States Holocaust Memorial Museum, “Major Deportations to Extermination Camps, 1942-1944.”
3. Dna-Dennis, “Map of the Holocaust in Europe during World War II, 1939-1945.”

바이바라
그리니
버그
에스토니아
스웨덴
라트비아
러시아
카이저발트
발트 해
리투아니아
마크
호르세우드
빌누스
카우나스
러시아
말리트로스테네츠
벨라루스
그다인스크
베스테르플라테
슈투토보
함부르크
페네뮌데
노이엔가머
솔다우
비알리스토크
라벤스브뤼크
포툴리체
트레블링카
라호바
베르겐-벨젠
작센하우젠
포즈난
헤움노
바르샤바
브란덴부르크
베를린
우츠
루블린
마이다네크
소비보르
반제
폴란드
베른부르크
우크라이나
미텔바우-도라
드레스덴
그로스-로젠
존넨슈타인
베우제츠
부헨발트
리토므녜리체
테레진
아우슈비츠
플라스조프
비니차
독일
비르케나우
크라쿠프
르보프
리디체
프라하
콜린
자슬라프
모홀리프-포딜스키
플젠
레자키
체코
플로센부르크
레티
브르노
슬로바키아
체르니우츠
하이델베르크
호도닌
노바키
비흐네
몰도바
세레드
다하우
마우트하우젠
키시나우
오데사
뮌헨
빈
키슈타르르차
에벤제
부다페스트
클루즈
오스트리아
헝가리
루마니아
볼자노
슬로베니아
크로아티아
산사바
야세노바츠
스타라 그라디슈카
흑해
돈야 그라디나
사이미슈체
포솔리
사바츠
라브
토포브스케 수페
보스니아
헤르체코비나
세르비아
츠르베니 크르스트
니슈
불가리아
세르비글리아노
몬테네그로
코소보
두프니차
스코페
아드리아 해
이탈리아
북마케도니아
비톨라
알바니아
로마
테살로니키
터키
에게 해
그리스
티레니아 해
0
(km)
500
0
(mi)
300
이오니아 해

국가	도시	영어 표기	원어 표기
독일 Germany	노이엔가머	Neuengamme	Neuengamme
	뉘른베르크	Nuremberg	Nürnberg
	니더하겐	Niederhagen	Niederhagen
	다하우	Dachau	Dachau
	드레스덴	Dresden	Dresden
	라벤스브뤼크	Ravensbruck	Ravensbrück
	마인츠	Mainz	Mainz
	뮌헨	Munich	München
	미텔바우–도라	Mittelbau-dora	Mittelbau-dora
	반제	Wannse	Wannse
	베르겐–벨젠	Bergen-Belsen	Bergen-Belsen
	베른부르크	Bernburg	Bernburg
	베를린	Berlin	Berlin
	보름스	Worms	Worms
	부헨발트	Buchenwald	Buchenwald
	브란덴부르크	Brandenburg	Brandenburg
	브라이테나우	Breitenau	Breitenau
	슈투트가르트	Stuttgart	Stuttgart
	알베츠도르프	Arbeitsdorf	Arbeitsdorf
	작센하우젠	Sachsenhausen	Sachsenhausen
	존넨슈타인	Sonnenstein	Sonnenstein
	페네뮌데	Peenemunde	Peenemünde
	프랑크푸르트암마인	Frankfurt am Main	Frankfurt am Main
	플로센부르크	Flossenburg	Flossenbürg
	하이델베르크	Heidelberg	Heidelberg
	함부르크	Hamburg	Hamburg
	힌제르트	Hinzert	Hinzert
폴란드 Poland	그다인스크	Gdansk	Gdańsk
	그로스로젠	Gross-rosen	Groß-Rosen
	루블린	Lublin	Lublin
	마이다네크	Majdanek	Majdanek
	바르샤바	Warsaw	Warszawa
	베스테르플라테	Westerplatte	Westerplatte
	베우제츠	Belzec	Bełżec
	비르케나우	Birkenau	Birkenau
	비알리스토크	Bialystok	Białystok
	소비보르	Sobibor	Sobibor
	솔다우	Soldau	Działdowo
	슈투토보	Stutthof	Sztutowo
	아우슈비츠	Auschwitz	Auschwitz
	우츠	Lodz	Łódź
	자슬라프	Zaslaw	Zasław
	크라쿠프	Krakow	Kraków
	트레블링카	Treblinka	Treblinka
	포즈난	Poznan	Poznań
	포툴리체	Potulice	Potulice
	플라스조프	Plaszow	Płaszów
	헤움노	Chelmno	Chełmno
체코 Czech Republic	레자키	Lezaky	Ležáky
	레티	Lety	Lety
	리디체	Lidice	Lidice
	리토므녜리체	Litomerice	Litoměřice
	브르노	Brno	Brno
	콜린	Kolin	Kolín
	테레진	Teresin	Terezín
	프라하	Prague	Praha
	플젠	Pilsen	Plzeň
	호도닌	Hodonin	Hodonín

국가	도시	영어 표기	원어 표기
프랑스 France	구르	Gurs	Gurs
	나츠바일러-스투토	Natzweiler-Struthof	Natzweiler-Struthof
	드랑시	Drancy	Drancy
	콩피에뉴	Compiegne	Compiègne
	파리	Paris	Paris
	피티비에	Pithiviers	Pithiviers
	베흐네	Vernet	Vernet
오스트리아Austria	마우트하우젠	Mauthausen	Mauthausen
	빈	Vienna	Wien
	에벤제	Ebensee	Ebensee
헝가리Hungary	부다페스트	Budapest	Budapest
	키슈타르차	Kistarcsa	Kistarcsa
네덜란드 Netherlands	스헤르토겐보스	Hertogenbosch	's-Hertogenbosch
	아메르스포르트	Amersfoort	Amersfoort
	암스테르담	Amsterdam	Amsterdam
	웨스터보르크	Westerbork	Westerbork
이탈리아 Italy	로마	Rome	Roma
	볼자노	Bolzano	Bolzano
	산 사바	San Sabba	Risiera di San Sabba
	세르비글리아노	Servigliano	Servigliano
	아스티	Asti	Asti
	포솔리	Fossoli	Fossoli
크로아티아Croatia	라브	Rab	Rab
	스타라 그라디슈카	Stara Gradiska	Stara Gradiška
	야세노바츠	Jasenovac	Jasenovac
보스니아 헤르체고비나Bosnia and Herzegovina	돈야 그라디나	Donja Gradina	Gradina Donja
그리스Greece	테살로니키	Thessaloniki	Θεσσαλονίκη
노르웨이Norway	그리니	Grini	Grini
	버그	Berg	Berg
	울벤	Ulven	Ulven Fangeleir
덴마크Denmark	호르세우드	Horserod	Horserød
라트비아Latvia	카이저발트	Kaiserwald	Ķeizarmežs
루마니아Romania	클루즈	Cluj	Kolozsvár
리투아니아Lithuania	빌누스	Vilnius	Vilnius
	카우나스	Kaunas	Kaunas
몰도바Moldova	키시나우	Kishinev	Chişinău
벨기에Belgium	메헬렌	Mechelen	Mechelen
	브렌동크	Breendonk	Breendonk
벨라루스Belarus	라흐바	Lakhva	Лахва
	말리트로스테네츠	Malyy Trostenets	Малы Трасцянец
북마케도니아North Macedonia	비톨라	Bitola	Битола
	스코페	Skopje	Скопје
불가리아Bulgaria	두프니차	Dupnitsa	Дупница
세르비아 Serbia	니슈	Nish	Ниш
	사이미슈체	Sajmiste	сајмиште
	샤바츠	Schabatz	Шабац
	츠르베니 크로스트	Crveni Krst	Црвени Крст
	토포브스케 수페	Topovske Supe	Топовске шупе
슬로바키아 Slovakia	노바키	Novaky	Nováky
	비흐네	Vyhne	Vyhne
	세레드	Sered	Sereď
에스토니아Estonia	바이바라	Vaivara	Vaivara
우크라이나 Ukraine	모힐리프-포딜스키	Mohyliv-Podolskyi	Могилів-Подільський
	비니차	Vinnitsa	Вінниця
	오데사	Odessa	Одеса

1편

홀로코스트의 개요

1

홀로코스트에 대한 이해

인류의 역사가 시작되고부터 현대에 이르기까지 수많은 전쟁을 치러 왔다. 근대 이후만 보더라도 우리에게는 민족의 비극인 6·25전쟁이 있었고 세계적으로는 제1차 세계대전, 제2차 세계대전이 있었다. 인류 최대의 전쟁인 제2차 세계대전 중 유럽과 서구 문명권에서 나치에 의해 저질러진 홀로코스트 대학살은 인간의 본성에 대한 근본적 질문을 던지고 있다.

홀로코스트Holocaust를 생각할 때면, 유대인, 아우슈비츠, 집단 학살, 역사의 영년永年, 인간성의 상실, 인류의 치욕적 사건 등의 키워드를 떠올린다. 홀로코스트는 일반적으로 아메리카 신대륙 개척 초기의 토착 인디언 학살, 제1차 세계대전 초기 오토만제국의 아르메니아인 학살, 일본군의 난징南京 대학살, 유고 내전과 르완다·부룬디 전쟁의 인종 청소, 캄보디아의 킬링필드 등 대량 학살을 지칭하였지만, 1960년대부터 학자들과 유명 작가들에 의해 연구되면서, 제2차 세계대전 중 아돌프 히틀러Adolf Hitler[1]가 이끈 나치당과 협력자에 의해 독일제국과 독일군 점령지 전반에 걸쳐 유대인, 소련군 전쟁포로, 폴란드인, 장애인, 집시, 프리메이슨Freemason 회원, 슬로베니아인, 동성애자, 여호와의증인 등 민간인과 전쟁포로를 학살한 사건을 의미한다.[2]

나치 독일은 '독일 국민공동체German Volksgemeinshaft' 구성원을 중요시한 반면, 이질적인 소수자로서 유대인, 집시, 장애인, 동유럽에서 온 사람들을 차별하였다.[3] 나치와 히틀러에게 공산주의자는 처음부터 적이었으며, '유대-볼셰비즘Judeo-Bolshevism'[4]을 내걸어 공산주의와 유대인을 동일시하였다.[5]

나치 독일만 유대인을 차별하고 박해했던 것은 아니다. 동유럽의 여러 나라가 만행에 가담하였다. 러시아, 폴란드, 헝가리, 루마니아에서도 유대인은 차별받고 폭력을 당하였으며, 강제수용소로 이송되었다. 심지어 유대인에게 자유와 평등권을 부여하였던 서유럽 프랑스에서도 1940년 나치에 의해 점령된 후, 사실상 괴뢰정부인 페텡Philippe Pétain이 통치하는 비시 정부Vichy Regime가 들어서면서, 1940년 반유대법을 만들고 1941년부터 외국인 유대인을 검거하여 파리 근교에 있는 드랑시Drancy 임시수용소를 경유하여 동유럽에 있는 수용소로 보냈다.

홀로코스트의 과정에서 유대인은 게토ghetto에 갇히고 강제수용소로 이송되어 그곳에서 대규모 학살을 당했으며, 집시, 장애인, 정치적 반대자, 전쟁포로도 함께 희생되었다. 사람들은 만연한 죽음의 공포에 휩싸인 세상을 마주하였다. 나치 독일은 전세가 불리해지면서 점차 동유럽의 수용소를 청산하고 수감자들을 가혹한 '죽음의 행진death march'[6]으로 내몰았다. 행진의 과정과 과밀해진 수용소에서 전염병과 영양실조 등으로 많은 희생자가 발생하였다.

제2차 세계대전이 끝난 직후, 홀로코스트 과정에서 발생한 일련의 사건과 희생자 규모의 정확한 사실에 대한 논란이 있었으며, 가해자와 희생자, 국가, 종교, 이념에 따라 홀로코스트에 대한 기억과 이해를 달리하였다. 유대인들은 '홀로코스트와 영웅주의Shoah veGvurah'를 고양하면서 이스라엘 국가 설립의 명분으로 이용하였으며, 그들에게 바르샤바 게토 봉기Warsaw Ghetto Uprising는 나치 독일에 대한 신화적이며 영웅적인 저항으로 기억되고 있다. 마찬가지로, 제2차 세계대전 중 심각한 인명 및 재산 피해를 입었던 폴란드에서는 홀로코스트를 '국가적 순교National Martyrdom'로 이해하고 국민이 겪은 고통과 피해의 부분으로 인식하였다. 가해자였던 독일에서는 '나치 시대Nazi Zeit'에 발생한 홀로코스트에 의해 국가적 정체성에 정신적 외상을 입었다. 한편, 승전국이었던 소련에서는 '대조국 전쟁Вели́кая Оте́чественная война́'을 통하여 공산주의가 파시스트 나치 독일을 진압한 것을 강조했으며, 미국은 제2차 세계대전 승전국으로서 입지를 공고히 하

워싱턴 DC 홀로코스트 기념관: 1970년대 후반부터 유대인 공동체의 노력으로 민간 기념관건립위원회를 발족시키고, 1980년 지미 카터 대통령이 설립한 대통령위원회가 만든 보고서를 토대로 박물관을 승인해 1993년 4월 21일 미국 워싱턴 DC에 만들어진 홀로코스트 기념관이다. 홀로코스트 관련 증거와 기록을 수집하고, 내부에는 전쟁 중 유대인에 대한 탄압과 학살에 관련한 전시를 하고 있다.

야드바셈 홀로코스트 박물관에 있는 '이름의 전당'(Hall of Names in the Yad Vashem Holocaust History Museum): 예루살렘의 헤르츨 언덕에 있는 야드바셈에는 2005년 유대계 캐나다인 건축가 모쉐 샤프디(Moshe Safdie)의 작품인 역사박물관이 있다. 이곳 '이름의 전당'에는 홀로코스트로 죽은 유대인을 추모하기 위해 220만 명이 넘는(모두 6백만 명을 위한 여유 공간을 포함) 희생자의 전기(傳記), '증언의 페이지(Page of Testimony)'를 수집·보관하고 있으며, 2013년 유네스코 세계기록유산으로 지정되었다. 이 공간의 한가운데에는 하늘을 향하고 빛이 들어오도록 하는 원뿔 형태의 구조물이 천장에 매달려 있는데, 거대한 돔의 내부에는 나치와 공범자들에 의해 살해된 남·여·어린이 6백만 희생자들을 나타내는 600개의 사진이 전시되고 있다.[15]

고 강제수용소 해방자로서 역할에 초점을 두었다.[7, 8, 9]

전쟁 직후, 미국을 중심으로 하는 자유민주 진영과 소련을 중심으로 하는 공산권으로 나뉘어 이데올로기가 대립하는 냉전 시대에 들어서면서, 홀로코스트는 불확실한 기억의 늪에 빠지게 되었다. 강제수용소, 게토 등 기억의 장소와 학살 현장의 대부분은 40년 이상 현실적으로나 심리적으로 접근이 어려운 폐쇄적인 공산주의 체제 아래, '철의 장막Iron Curtain, 鐵一帳幕'[10]에 갇혀 있었다.[11] 동독에서는 부헨발트 강제수용소와 같은 홀로코스트의 현장을 공산주의가 나치 파시스트 제국주의로부터 해방시키고 자본주의를 극복한 것으로 그들의 업적과 승리를 강조하여, 이념적 우월성을 고양하는 정치적 목적으로 활용하기도 하였다.[12] 공산주의자들은 유대인, 장애인 등 희생자에 주목하기보다는 전쟁을 파시즘과 반파시즘 사이의 투쟁이라는 이념적 틀에 가두었다. 한편, 전쟁 후 1950년대 말까지 미국에서는 많은 유대인이 소련 및 공산주의와 연계하였다는 의혹이 컸기 때문에, 홀로코스트를 상기하는 것은 친소련과 좌익 성향을 가진 공산주의자의 주장이라는 매카시즘McCarthyism 공세를 두려워하는 분위기가 팽배하였다.[13, 14]

1961년 나치 전범戰犯 아돌프 아이히만Otto Adolf Eichmann의 재판 과정이 생중계되면서, 이스라엘에서 홀로코스트 생존자의 기억은 더욱 주목받게 되었다. 아울러 재판 과정을 담은 한나 아렌트Hannah Arendt가 집필한 저서 『예루살렘의 아이히만Eichmann in Jerusalem』에서, 나치에 의한 유대인 학살은 상부의 명령에 순응한 지극히 평범한 사람들에 의해 자행되었음을 말하고자 '악의 평범성'이라는 개념을 제시하여 논쟁이 야기되었고, 홀로코스트는 미국인들의 공적 기억으로 자리 잡게 되었다. 서독에서는 1960년대 들어서면서 생존자와 젊은이들이 홀로코스트에 대한 진정한 반성과 메모리얼을 조성할 것을 요구하면서, 1965년 다하우 수용소 메모리얼이 만들어지고 이에

대한 관심이 커지게 되었다.[16]

1980년대 미하일 고르바초프Mikhail Gorbachev[17]가 등장한 후에 유럽에서 시작된 자유화의 물결로 1990년 동·서독이 통일되었으며, 이어서 소련이 해체되고 동유럽이 개방되면서 일반인들도 홀로코스트 현장에 접근이 쉬워졌다. 독일, 미국 등 대부분 민주국가에서 홀로코스트는 학교 교육의 내용으로 포함되었고, 홀로코스트를 주제로 한 영화 및 문학작품이 새롭게 만들어졌다. 1993년에 만들어진 영화 「쉰들러 리스트」는 미국뿐만 아니라 다른 나라에서도 홀로코스트에 대한 큰 관심을 불러일으켰으며, 워싱턴 DC에 세워진 '홀로코스트 기념관United States Holocaust Memorial Museum'과 예루살렘의 야드바셈Yad Vashem은 홀로코스트에 대한 연구와 자료를 확보하는 공식적인 기관인 동시에 박물관으로서 큰 역할을 하였다. 이어서 독일, 폴란드에서 비극적인 홀로코스트를 기억하고 희생자를 추모하기 위한 박물관과 메모리얼이 조성되면서, 기념의 주제와 내용에 대한 고민이 깊어지고 사회적 담론이 형성되었다.

대표적으로 홀로코스트의 진실에 관한 국제적 논란이 있었다. 제2차 세계대전 중 유럽의 유대인들이 겪은 재난을 공감하지만, 홀로코스트에 관한 모든 이야기를 인정하지 않는 수정주의적 견해가 있다. 그 이유는 나치가 전쟁의 패색이 짙어지면서, 홀로코스트의 주요한 무대였던 강제수용소를 파괴하거나 증거를 없앴고, 이데올로기가 대립하는 냉전시대에는 망각되기도 하였으며, 미국, 독일, 폴란드, 이스라엘 등 관련 국가에서는 정치·사회적 상황에 따라 홀로코스트에 대한 인식을 달리했기 때문이다.

수정주의적 견해는 홀로코스트의 과정에서 유대인을 절멸시키는 것은 처음부터 계획된 것이 아니고, 히틀러가 유대인의 절멸을 지시하거나 가스처형을 한 증거가 명확하지 않으며, 희생자 수도 과장되었다는 것이다.[18] 독일 베르겐-벨젠 및 다하우 수용

빌리 브란트 총리 기념벽

소, 폴란드 아우슈비츠 강제수용소에서 발견된 대규모 시신은 전쟁 마지막에 나치 독일이 붕괴되면서 통제가 어렵고 과밀해진 수용소에서 굶주림, 영양결핍, 전염병 등에 의해 발생한 것이며, 소련군이 진격함에 따라 전쟁 막바지 몇 개월 동안 동부에 있는 강제수용소를 폐쇄하고 수감자를 독일 서부의 다하우나 베르겐-벨젠 수용소 등으로 이송하는 '죽음의 행진' 과정에서 많은 사망자가 발생하였다는 주장이다. 게다가 미국, 러시아, 영국 등 제2차 세계대전 승전국들은 히틀러의 나치 정권을 가능한 한 부정적으로 보여주는 데 관심이 있었고, 연합국의 대의명분과 전쟁 중 그들이 취한 행동을 정당화하기 위하여 홀로코스트를 과장하였다고 말하기도 한다.

희생자 수에 편차가 있더라도 전쟁 중에 더욱 사악한 인간의 본성을 드러낸 무거운 범죄임이 틀림없다. 과거에 대한 이해와 기억은 우리 자신과 사회의 미래를 위해 중요하다. 역사를 의도적으로 왜곡하고 부정하는 것은 민주주의와 인권을 지키는 공동체적 이해를 위협하는 것이다.[19, 20]

독일의 빌리 브란트Willy Brandt 총리는 1970년 12월 7일 폴란드 바르샤바를 방문하여 '게토 영웅 기념비' 앞에서 무릎을 꿇고 나치 독일이 1943년과 1944년 폴란드인과 유대인을 학살한 과거의 잘못을 사죄하였다. 독일의 총리나 주요 장관들은 해외에서 열리는 제2차 세계대전 및 홀로코스트 관련 주요 행사에 꼬박꼬박 참석하여, 나치가 저지른 만행에 대해 가해자의 후손으로서 주변국을 상대로 참회와 반성을 끊임없이 해 오고 있다.

매년 1월 27일 아우슈비츠 수용소가 해방된 날에 맞추어 제정된 '홀로코스트 희생자 추모일'에는 세계 각국 지도자들이 함께 모여 기념식을 열고 희생자들을 추모해 오고 있다. 과거를 잊지 않기 위한 노력이다. 홀로코스트의 역사적 교훈을 되새겨 인간성 상실의 비극이 재현되어서는 안 된다. 아울러 홀로코스트에서 소홀히 다루어졌던 집시, 장애인, 소수민족, 인종학살의 희생자에 대해서도 주목해야 한다.

21세기에 들어서도 홀로코스트 희생자를 추모하고 기념하고 있으며, 비극적 사건의 현장이었던 게토와 홀로코스트 강제수용소는 주목을 받고 있다. 이곳에는 집단이나 국가별로 메모리얼과 박물관을 세워서 홀로코스트를 기억하고 있으며, 그들의 문화와 정치·사회적 가치가 혼재하여 나타나고 있다.

바르샤바, 베를린, 프라하를 방문하여 아직도 생생한 모습이 남아 있는 게토를 답사하고, 아우슈비츠Ⅱ-비르케나우, 트레블링카, 소비보르, 마이다네크, 다하우, 베르겐-벨젠, 부헨발트 등 수용소 메모리얼을 방문하여 그곳에서 발생한 비극적 사건을 접하고 기념적 장소를 살펴본다면, 제2차 세계대전과 근·현대 유럽의 역사를 이해하고 인간의 내면을 성찰하는 소중한 경험으로 기억될 것이다.

2

유대인과 홀로코스트

유대인에 대한 차별과 박해, 학살은 나치에 의해 처음 일어난 것은 아니었다. 홀로코스트 이전에도 차별과 박해를 당했다. 팔레스타인을 떠나 수천 년 유럽, 서아시아, 아프리카 전역에 흩어져 살았던 유대인은 예수님을 십자가에 못 박혀 죽게 한 민족으로서 기독교로부터 종교적 박해를 받아 왔다.[21] 때로는 사회의 이질적 집단으로, 흑사병이 발병하였을 때는 전염병의 근원지라는 소문으로 인해 집단적 표적이 되기도 하였다. 그들의 선민사상選民思想에 근거한 민족적 배타성과 경제적 특권에 대한 반감으로 집단적 배척의 대상이 된 것이다. 유럽의 유대인은 대부분 도시에 살았다. 이방인으로서 박해와 추방을 되풀이 당하면서 바르샤바, 베를린, 부다페스트, 크라쿠프, 암스테르담 등 비교적 좋은 환경이 제공되는 도시에서 살면서 유대교회당synagogue을 중심으로 하는 유대인 커뮤니티를 형성하며 생활하였다.

나치가 등장하면서 민족공동체를 주창하고, 그에 속하지 않는 이방인으로서 인종적인 적으로 간주된 유대인과 집시, 공산주의자·진보주의자·반동자와 같은 정치적인 적, 동성애자 같은 도덕적인 적, 상습범 등을 국가적인 적으로 간주하였다. 특히 유대인은 공산주의와 사회주의 사상을 가진 사람이 많았기 때문에,[22] 정치·경제·사회구조의 변혁을 통한 세계 지배의 야욕이 있다는 반감을 사게 되어 더욱 나치의 적대적인 대상이 되었다.

독일 민족지상주의자로서 마르크스주의를 반대하고 유대인과 슬라브족을 증오하였던 히틀러는 소수의 유대인이 독일 경제자본의 대부분을 차지하는 것에 반감을 가졌으며, 반유대주의를 내걸고 공공의 적으로 유대인을 박해하고 차별하였다. 1933년 히틀러가 정권을 잡으면서 독일에서 유대인의 법적·경제적·사회적 권리를 제한하고, 핵심 분야에서 유대인을 제외하였다. 히틀러가 권력을 장악한 제3제국Drittes Reich[23]에서 유대인은 의사나 법률가가 될 수 없으며, 농장을 소유하거나 농업에 종사하는 것도 금지되었다. 이러한 차별과 폭력으로 1933년 56만 명에 달하던 독일의 유대인들 중 지식인들이 먼저 이민을 떠나기 시작했다. 1935년 9월에 제정된 일명 「뉘른베르크법」의 '제국 시민법'은 독일 유대인을 2급 시민으로 만들어 놓았고, 다른 법령인 '독일인의 피와 명예를 지키는 법'은 유대인과 비유대인의 결혼을 금지하였다. 「뉘른베르크법」은 잇따른 차별을 위한 지침서가 되었으며, 특히 '제국 시민법'은 나치 통치가 종식될 때까지 소수 유대인의 권리를 제한하는 데 번번이 이용되었다.[24]

1938년 11월 7일, 나치에 의해 독일에서 폴란드로 추방된 부모의 부당한 처우에 저항하던 젊은 유대 청년 헤르첼 그린츠판Herschel Grynszpan이 파리의 독일대사관에 침입하여 참사관 한 명을 암살한 사건이 발생하였다. 이 사건은 나치가 본격적으로 유대인을 박해하는 빌미가 되었다. 1938년 11월 9일 저녁부터 다음날까지 베를린을 중심으로 하는 독일 전역에서, 나치 조직의 암묵적 협력 아래 유대인 상점·백화점·주택 및 유대교회당이 약탈당하거나 방화로 파괴되는 '수정의 밤Kristallnacht' 사건이 발생하였다. 유대인 차별과 박해의 신호탄으로 나치는 유대인의 재산을 몰수하고 그들을 체포하여 강제수용소로 보냈으며, 유대인들의 추방과 이민을 가속화하였다.[25]

제2차 세계대전이 발발하면서, 독일과 폴란드를 중심으로 유럽에 살고 있던 유대인들은 더욱 가혹한 환경에 처하게 되었다. 1939년 9월, 독일이 폴란드를 침공한 후 3백만 이상의 유대인을 떠안게 된 나치 독일은 광범위한 지역에 살고 있는 유대인을 바르샤바, 우츠, 테레진 등 동유럽의 주요 도시에 임시로 만든 게토에 가두고, 1942년 봄 가장 치명적이었던 '라인하르트 작전Aktion Reinhard'[26]에 따라 트레블링카, 소비보르, 베우제츠, 헤움노, 아우슈비츠, 마이다네크 절멸수용소를 만들고 그곳에서 대규모 학살을 자행하였다. 게다가 전쟁 말기에 패전의 위기에 몰린 나치가 동부에 있는 강제수용소를 폐쇄하고 수용자들을 '죽음의 행진'으로 내몰면서, 유대인들은 과밀하고 열악한 수용소에서 전염병, 굶주림, 학살로 인해 대량으로 희생되었다.

홀로코스트로 인해 유대인의 삶과 문화는 심각하게 파괴되었다. 어떤 나라에서는 '포그롬pogrom'[27]이 발생하였고, 도시에 있는 유대교회당은 파괴되었으며, 유대인 묘지도 훼손되었다. 무엇보다도 수백만 명의 유대인들이 체포되어 수감되었으며, 수용소로 보내져 집단적으로 살해되었다. 수 세기 동안 유럽에서 번창했던 유대인의 개인적이고 집단적인 문화가 홀로코스트로 인해 파괴되었으며, 지금은 남겨진 유적과 경관에서 그 흔적을 가까스로 찾아볼 수 있다.

그럼에도 유럽에 있는 게토와 강제수용소를 여행하는 것은 홀로코스트를 이해하는 주요한 방법으로 자리 잡게 되었다. 대표적으로 젊은 유대인들은 홀로코스트를 기억하는 것에 그치지 않고 수 세기 동안 그들의 조상들이 살아 온 커뮤니티를 방문하고 있다. 이것은 매년 '홀로코스트 기념일Yom HaShoah'에 수천 명의 유대인 학생들이 나치에 의한 유대인 희생자를 기리기 위해, 폴란드 아우슈비츠 수용소에서 비르케나우 수용소까지 행진하는 '산 자들의 행진March of the Living'에서 생생하게 표현되기도 한다.

3

장애인, 집시, 동성애자의 피해

장애인의 안락사

유대인을 대량으로 학살하기 전에 나치는 이미 장애인을 학살하기 위한 정책에 착수하였기 때문에, 장애인은 홀로코스트의 최초 희생자이다. 나치에 의한 '안락사euthanasia'는 오늘날 우리가 이해하는 것과 완전히 달랐다. 히틀러 이전에도, "독일에서 장애인은 살 가치가 없다"는 우생학적 아이디어를 지지하는 과학 및 의학 분야 구성원들이 있었다. 1933년에 그들의 생각에 동조하는 나치 정권이 출범하면서, 같은 해 6월에는 조현병, 간질, 심한 알코올 중독 등 다양한 유전질환에 걸린 사람들을 강제로 거세하는 법이 도입되었다.

히틀러가 1939년 9월 극비 지령문서에 서명하면서, T4 프로그램[28]이 시작되었다. 이 프로그램은 장애인과 정신질환자 등 사회적 부적격자에 대한 집단살인 허가 명령이었다. 나치 정권은 이들을 사회로부터 제거함으로써 게르만 민족의 유전적 우수성을 지킬 수 있다는 인종위생학(독일 버전의 우생학)을 나치즘의 뼈대로 삼았으며, 그들을 죽이는 것을 자비로운 안락사로 간주했다. 이후 유럽에서 홀로코스트로 진화되었다.

T4 프로그램은 병원마다 다소 차이가 있으나, 기본적인 과정은 같았다. 환자들은 나치 친위대로부터 제공받은 큰 회색 버스로 이송되었으며, 도착하자마자 옷을 벗고 등록을 한 후, 의사에게 형식적으로 검진를 받고 가스실로 보내졌다. 이 프로그램이 장애를 가진 참전용사에게도 시행된다는 소문이 돌면서 그들이 동요하기 시작했으며, 종교계와 시민들도 저항하였다. 1941년 8월, 히틀러는 공식적으로 T4 작전을 멈추도록 지시하였지만, 이미 봄부터 '14f13'으로 암호명이 붙은 새로운 작전[29]이 시작되어 전쟁이 끝날 때까지 계속되었다. 이로 인한 희생자는 어린이를 포함하여 20만 명에 달하며, 폴

란드와 소련 지역에서 살해된 장애인의 수는 알려지지 않았다.

장애인을 살해하는 데 사용했던 방법과 진행요원들이 헤움노, 베우제츠, 소비보르 수용소에 그대로 적용되면서, 안락사 프로그램은 절멸수용소에서 수용자를 학살하기

피르나 존넨슈타인 안락사 센터 기념관

Sonnenstein Euthanasia Centre in Pirna
Tötungsanstalt Pirna-Sonnenstein
위치: Schloßpark 11, 01796 Pirna, Germany

1940~1941년 나치의 안락사 프로그램에 따라, 정신장애자 약 1만5천 명이 희생되었다. 동독 시절 약 40년간 숨겨져 있다가, 1991년 존넨슈타인 기념관 관리국(Kuratorium Gedenkstätte Sonnenstein)이 만들어졌다.

국가사회주의 안락사 희생자를 위한 메모리얼

Memorial and Information Point for the Victims of National Socialist "Euthanasia" Killings
Gedenk- und Informationsort für die Opfer der nationalsozialistischen "Euthanasie"-Morde
위치: Tiergartenstraße 4, 10785 Berlin, Germany

2014년 9월 2일, 독일연방공화국은 베를린 필하모니 바깥쪽의 티어가르텐스트라세(Tiergartenstraße) 4번지 부지에 장애인을 학살한 범죄를 기억하고 알리고자, '국가사회주의 안락사 희생자를 위한 메모리얼'을 설치하였다. 그 옆에 세워진 리처드 세라(Richard Serra)의 추상조형물은 부지 역사에 사람들의 주의를 끌도록 추가로 만들어졌다. 뒤에 배경인 베를린 필하모니 건물이 대조적으로 보인다.

위한 모델로 이용되었다. 이처럼 장애인과 환자를 학살한 것은 국가사회주의 정부에 의해 저질러진 첫 번째 조직적 대량 절멸이었다. 전쟁 후 안락사가 벌어진 곳은 대부분 본래 의학적 기능으로 되돌려졌고 어두운 역사는 대부분 잊혔지만, 최근에 T4 센터와 몇몇 병원들은 기념시설로 탈바꿈하였다.[30]

신티와 로마

독일을 비롯하여 유럽 여러 나라에서는 오랫동안 법률과 규정을 통하여 '집시Gypsies'[31]를 차별해 왔으며, 공공연하게 경멸하고 기피하기도 하였다. 나치는 유대인 및 장애인뿐만 아니라, 집시도 계획적으로 학살하였다. 집시에 대한 나치의 정책이 완전히 일치하지는 않았으나, 일부 인종론자들은 열등한 집시가 자신들의 커뮤니티 구성원과 결혼하여 인종적 순수성을 훼손할 수 있다고 보았다. 1938년 초부터 집시는 '보호 유치'를 통해 집단수용소에 감금되었다. 1940년 5월부터는 독일제국 영역에서 가족 단위로 조직된 신티Sinti와 로마Roma를 전쟁 중인 폴란드로 이송을 시작하면서, 급격한 인종차별 정책이 전개되었다. 대표적으로 점령 지역의 치안유지를 위한 특수부대 '아인자츠그루펜Einsatzgruppen'[32]이 소련을 침공하는 동안 집시를 살해했으며, 세르비아와 크로아티아 우스타샤Ustaše에 의해서도 유사한 살해가 자행되었다. 폴란드 집시인 로마는 게토에 갇혀 살았으며, 그 밖의 유럽 전역에서 온 수만 명의 집시와 함께 아우슈비츠II-비르케나우로 이송되었다. 오스트리아에서 온 그룹은 우츠Lodz로 보내졌고, 후에 헤움노에서 살해되었다.

국가사회주의에 의해 희생된 유럽의 신티와 로마를 위한 메모리얼

Memorial to the Sinti and Roma of Europe Murdered under National Socialism
Denkmal für die im Nationalsozialismus ermordeten Sinti und Roma Europas
위치: Simsonweg, 10117 Berlin, Germany

2012년 10월, 베를린에 '국가사회주의에 의해 희생된 유럽의 신티와 로마를 위한 메모리얼'이 조성되었다. 티어가르텐(Tiergarten)의 북동쪽, 국가의회의사당(Reichstag)의 건너편에 2012년 메모리얼이 완성되었다. 입구에 유리 기념벽이 있고, 안으로 들어가면 신티와 로마를 추모하기 위한 어두운 분위기의 풀(pool)이 있다.

집시들은 그들의 생활방식으로 인해 인구통계 조사에서 계속 누락되었고, 전통적으로 기록문화가 거의 없어서 얼마나 많은 집시들이 희생되었는지는 정확히 알기 어렵다. 미국 홀로코스트 기념관의 역사학자였던 시빌 밀튼Sybil Milton은 희생당한 집시의 수가 22만 명에 이를 것이라고 주장하였다. 영국의 마틴 길버트Martin Gilbert는 유럽에 70만 명의 집시가 있었고 그중 나치에 의해 희생된 수는 22만 명이 훨씬 넘을 것이라고 추산한 것으로 보아, 사망자 수는 적어도 22만이 되는 것으로 보인다. 특히 보헤미아의 집시 커뮤니티는 심각하게 파괴되었고, 로마니어語의 지역 방언은 소멸되었다.[33]

집시를 인종 학살한 장소는 아우슈비츠II-비르케나우, 헤움노 절멸수용소와 같이 유대인의 홀로코스트가 일어난 곳과 비슷하다. 그러나 유럽에서 집시의 사회적·정치적 고립을 반영하듯이, 홀로코스트에 의하여 살해된 집시를 위한 메모리얼은 거의 없다. 뒤늦게 2012년 베를린, 암스테르담에 신티와 로마를 위한 메모리얼이 조성되었다.

동성애자

나치 독일에서는 실질적 범죄 행위보다 범행의 동기나 개개인의 자질 등을 문제로 삼았으며, '건강한 국민정서gesundes Volksempfinden'가 새로운 규범이 되었다. 1936년 하인리히 힘러Heinrich Himmler[34]는 동성애와 낙태를 방지하기 위하여 '제국 중앙사무국'을 설립하였다. 동성애는 '건강한 국민정서'에 반하며, 독일 혈통을 더럽히는 것으로 간주하였다. 게슈타포Gestapo가 게이Gay 바를 습격하였고, 체포한 동성애자의 개인 연락처와 성소수자 신문 및 잡지 등을 이용하여 다른 동성애자들을 추적하였다. 또한,

이웃에 동성애자나 의심되는 사람이 있다면 신고할 것을 대중에게 종용하였다. 1933년부터 1944년 사이에 10만여 명이 동성애자라는 이유로 체포되었고, 이 중 약 5만여 명이 유죄 판결을 받았으며, 갱생을 이유로 5천에서 1만5천여 명이 수용소에 수감되었

국가사회주의에 의해 처형된 동성애자를 위한 메모리얼

Memorial to the Homosexuals Persecuted under the National Socialist Regime
Denkmal für die im Nationalsozialismus verfolgten Homosexuellen

작가: Michael Elmgreen, Ingar Dragset (2008)
위치: Ebertstraße, 10785 Berlin, Germany

일부 비평가들은 유대인 희생자만 추모하는 것은 잘못이 있다고 비판한다. 이에 따라, 2008년 티어가르텐의 남동쪽 모퉁이에 동성애자 희생자를 위한 모뉴먼트가 세워졌다. 커다란 콘크리트 블록에는 작은 창문이 있으며, 이곳을 통해 들여다보면 게이와 레즈비언 커플이 키스하는 장면을 볼 수 있다.

다. 수용소에서 이들은 초기에 노란색 완장이 채워지고 점차 상의뿐만 아니라 바지에도 분홍색의 역삼각형 낙인이 부착되었으며, 성적 모욕과 고문, 생체실험을 당하며 죽어갔다.

호모 모뉴먼트

Homomonument
작가: Karin Daan (1987)
위치: Westermarkt, 1016 DV Amsterdam, Netherlands
홈페이지: https://www.homomonument.nl

전쟁 중에 나치에 의해 희생된 동성애자와 에이즈(AIDS)로 죽은 사람을 추모하기 위한 '호모 모뉴먼트'이다. 커다란 대리석 삼각형으로 만들어진 메모리얼의 한쪽 모서리는 한 단 올라가 있고, 다른 한쪽은 인접한 수로의 경계로 돌출되어 있다. 홀로코스트 당시 동성애자를 나타낸 삼각형의 각 모서리는 안네 프랑크의 집, 지역 게이단체 사무소, 그리고 내셔널 모뉴먼트(National Monument)를 가리키고 있다.

4

민간인과 반대자의 피해

제2차 세계대전 중 민간인이 피해를 보거나, 히틀러와 나치에 저항하는 과정에서 희생당하는 비극적 사건이 많았다. 대표적으로 히틀러를 암살하거나 나치에 저항하는 레지스탕스 운동이 있었으며, 정치 및 종교적으로 나치에 반대하는 그룹의 희생이 있었다. 체코의 리디체Lidice와 레자키Ležáky, 폴란드 헤움노 카운티Chelmno County에서도 마을이 파괴되고 무고한 주민이 학살되기도 하였다.

프라하 서쪽 20km에 위치한 리디체 마을은 제2차 세계대전 중 주민들이 학살당하고 온 마을이 불에 타 파괴된 비극적인 현장이었다. 라인하르트 하이드리히Reinhard Heydrich 암살사건과 관련하여, 클라드노Kladno 게슈타포는 영국에서 체코슬로바키아 군인으로 복무하는 아들이 있는 호락Horák 씨 가족이 이 사건과 관련이 있다는 의심을 하게 되어 조사 및 가택수사를 하였다. 타당한 증거를 찾지 못했지만, 나치는 앙갚음할 필요성을 느끼고 주민을 학살하여 전 세계를 충격에 빠뜨렸다.

이 작은 마을과 503명 주민들의 비극은 1942년 6월 10일 시작되었다. 프랑크Karl Hermann Frank의 지시에 따라, 남성들은 호락 씨의 농장 정원에서 총살되었다. 여성과 아이들은 클라드노 중등학교Kladno Grammar School의 체육관으로 옮겨지고, 3일 후 아이들은 그들의 엄마로부터 분리되었으며, 여성들은 라벤스브뤼크 수용소로 보내졌다. 나치는 집에 불을 지르고 폭파하였으며, 교회와 심지어는 무덤도 훼손하여 마을은 모든 것이 없어진 폐허가 되었다. 전쟁 마지막까지 이 마을은 접근이 금지되었다.

리디체 마을 파괴에 관한 뉴스는 전 세계로 빠르게 퍼져갔다. 작은 체코 마을을 완전히 없애려는 나치의 의도는 성공하지 못하였다. 전쟁 후, 체코슬로바키아 정부는 1945년 6월 10일 살아남은 리디체 여성이 참석한 가운데, 평화 데모집회에서 그곳을 다시 건설하기로 결정하였다. 나치에 의해 주민 340명이 살해되었고, 143명은 전쟁이 끝나서야 집으로 돌아왔으며, 2년여 추적과정을 통해 17명의 어린이가 엄마를 되찾았다.

1947년 원래 부지에서 300m 떨어진 곳에 새로운 리디체 마을의 주춧돌이 세워지고, 1948년 5월 첫 번째 주택을 건설하기 시작했다. 체코 전역과 해외의 자원봉사에 힘입어 주택 150채가 다시 세워졌다. 파괴된 마을 부지는 남성 공동묘지, 모뉴먼트, 박물관을 포함하는 메모리얼로 보전되었으며, 1955년 6월 19일 세계의 다양한 곳에서 보내온 장미 수천 송이가 심어진 '평화와 우정의 정원'이 세워졌다. 리디체 마을의 역사를 통하여 전쟁범죄로 민간인 희생자들이 겪은 참상을 알게 됨으로써, 전 세계의 미래 세대에게 교훈을 주고 있다.[35]

리디체 메모리얼

Lidice Memorial in Lidice
Památník Lidice
위치: Tokajická 152, 273 54 Lidice, Czech Republic
홈페이지: http://www.lidice-memorial.cz/en/

리디체 남성 공동묘지(Common Grave of the Lidice Men): 호락 씨의 농장 정원에서 총살된 173명의 남성이 묻힌 공동묘지로, 1945년 이후 무고한 희생자의 죽음을 추모하는 가시관 있는 나무십자가가 세워진 경건한 장소이다. 매년 비극적 사건의 추모일에는 체코 정부와 국제 대표단이 묘지에 헌화하는 행사가 개최된다.

장미 정원: 1942년 초기에 설립된 영국 운동단체의 "Lidice Shall Live"로부터 시작되어, 파괴된 리디체 마을과 새로 만들어진 마을을 연결하기 위한 아이디어로 만들어졌다. 1955년 6월 건축가 프란티셰크 마렉(František Marek)의 설계로 '평화와 우정의 정원(Garden of Peace and Friendship)'이라는 독특하고 건축적인 정원이 만들어졌다. 2001~2002년 '장미정원'으로 리모델링되었으며, 240개 품종의 2만4천 송이가 넘는 장미가 심어져 있어 리디체의 상징이 되고 있다. 리디체 비극의 달인 6월에 방문하면 만개한 꽃을 볼 수 있으며, 작은 장미는 희생된 리디체 아이들을 상징한다.

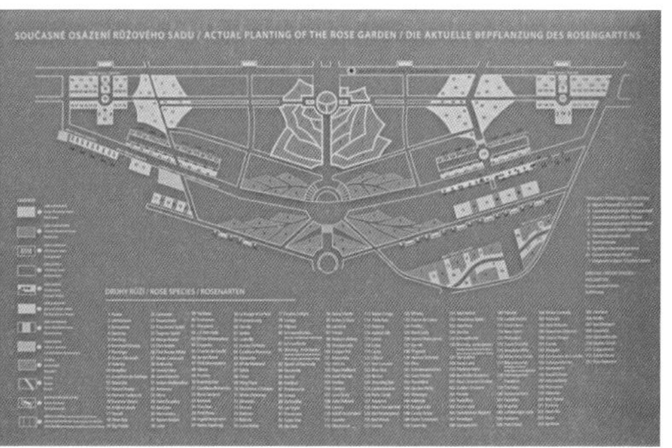

전쟁으로 희생된 어린이 모뉴먼트: 1942년에 살해된 리디체 어린이(소년 40명, 소녀 42명)를 추모하는 군상이다. 이들에게 저질러진 잔혹한 범죄에 큰 충격을 받은 조각가 마리에 우히틸로바(Marie Uchytilová)가 20여 년에 걸친 노력 끝에 만든 필생의 역작이다. 1989년 가을 그녀의 갑작스런 죽음으로 3개의 청동상만을 세운 채 작품이 미처 완성되지 못하다가, 남편인 조각가 이르지 바츨라프(Jiří Václav)가 실현하여 2000년 최종 형태를 개막하였다. 작품 중앙에는 작은 아이가 누나의 손을 붙들고 이곳을 벗어나 집으로 가려고 하는 모습이 보인다. 제2차 세계대전에서 죽은 무고한 어린이 희생자를 기리는 가장 큰 조각상이며, 특히 어린 아이들에게 매우 감성적인 작품이다.

1 _ 홀로코스트에 대한 이해

1. 1889년 오스트리아의 작은 마을 브라우나우암인(Braunau Am Inn)에서 태어난 히틀러는 청년기 반유대주의적 사고를 가진 리하르트 바그너(Richard Wager)의 게르만 민족 신화와 관련된 음악과 오페라에 심취하였다. 오스트리아의 기독교 문화에 깊이 뿌리내린 반유대주의에 영향을 받아, 인종주의와 반유대주의의 사상을 형성하게 되었다. 1920년 4월 독일노동자당[DAP: Deutsche Arbeiter Partei, 후에 국가사회주의독일노동자당(NSDAP), 즉 나치스]이라는 반유대주의적인 작은 정당에 가입하였다. 선동가로서 뛰어났던 그는 정치활동에 전념하였으며, 1921년 국가사회주의 독일노동당의 당수가 된다. 독일은 제1차 세계대전 후 심각한 인플레이션을 겪고 있었으며, 경제 대공황이 닥치자 기업들이 도산하고 수백만의 실직자가 발생하여 경제적으로 심각한 타격을 입었다. 이로 인해 나치는 정당으로서 정치적 입지를 강화하고 1933년 1월 30일 히틀러는 수상으로 임명되었으며, 1934년 8월 대통령 힌덴부르크가 죽자 대통령의 지위를 겸하여, 명실상부한 독일의 독재자가 되었다. 그는 1939년 9월 1일에 선전포고도 없이 폴란드를 침공함으로써 제2차 세계대전을 일으켰다. 전쟁 중 그는 유대인, 폴란드인, 장애인, 집시 등을 아우슈비츠 수용소와 같은 강제수용소에서 대규모로 학살하였다. 영국과 미국이 주도하는 연합군과의 전투에서 지고, 러시아 스탈린그라드의 패전 이후 독일의 전세는 급격히 기울어져 패색이 짙어졌다. 연합군과 소련군이 베를린 외곽 가까이에 진격해 오자, 1945년 4월 30일 그는 베를린의 지하 벙커에서 자살하였다.

2. 종교학적으로 '홀로코스트'는 번제(燔祭)를 의미하는 『구약성경』의 표현으로, 인간의 죽음을 성화(聖化)시키는 행위를 금지하는 유대교 전통에 따라 유대인의 죽음을 종교적 희생으로 묘사할 수 없기 때문에, 많은 유대인들은 1940년대부터 성서에서 히브리어로 재앙을 뜻하는 '쇼아[Shoah, שואה]'를 사용하는 것을 더욱 선호한다.

3. Diana Gring and Jens-Christian Wagner, *Children in the Bergen-Belsen Concentration Camp*, Celle: Lower Saxony Memorials Foundation, 2018, p.6.

4. 러시아 10월 혁명 이후 볼셰비키가 러시아 정치의 패권을 잡자, 기독교 근본주의에 배경을 둔 독일·네덜란드 지역의 반유대주의자 및 반공주의자들은 '볼셰비즘'을 유대인의 세계지배 야욕으로부터 나온 사상으로 여기고, 이를 막기 위해 '반(反)볼셰비즘'을 주창하였다. (Ernst Piper, *Alfred Rosenberg: Hitlers Chefideologe*, München: Allitera Verlag, 2015, pp.49~427)

5. "Non-Jewish Resistance," *Holocaust Encyclopedia*, United States Holocaust Memorial Museum

6. 제2차 세계대전 말미에 소련군이 진격해 오면서 전세가 불리해지자, 나치 독일은 1944~1945년 겨울 몇 개월 동안 소련과 폴란드 지역에 있던 강제수용소를 폐쇄하고 수용자를 독일의 베르겐-벨젠, 다하우 수용소 등에 대규모로 이송시켰다. 이동 중에 식량이 부족하고 혹독한 대우로 병약한 많은 사람들이 희생되었으며, 이송된 수용소에서도 과밀하고 열악한 환경으로 인해 전염병, 굶주림 및 나치 친위대의 야만적 대우로 수만 명이 희생되었다.

7. James E. Young (ed.), *The Art of Memory: Holocaust Memorials in History*, Munich and New York: Prestel-Verlag. 1994, p.6.

8. 위의 책, p.15.

9. 위의 책, pp.15~17: Andreas Huyssen, "Monument and Memory in a Postmodern Age."

10. 제2차 세계대전 후 유럽 승전국들이 동·서 양(兩) 진영으로 분리된 상황에서, 소련을 중심으로 한 동유럽에서는 공산당이 전제주의 정권을 세우고 영향력을 확대해 가고 있었다. 영국의 처칠 총리가 1946년 3월 미국을 방문하여 미주리(Missouri)주 풀턴의 웨스트민스터대학교에서 명예박사학위를 받으면서, 폐쇄적이고 비밀주의적인 긴장정책을 추구한 소련과 공산권 경찰국가들을 비유적으로 표현한 것이다. 이후 소련권에 대한 불신과 반소련권 선전을 위해 사용되었다. 1980년대 후반부터 동유럽 국가에서 소련으로부터 자유를 주창하는 시위와 봉기가 확산되었고, 1989년 베를린 장벽이 무너지면서 철의 장막은 붕괴되었다.

11. Martin Winstone, *The Holocaust Sites of Europe: An Historical Guide*, New York: I. B. Tauris, 2015, p.1.

12. James E. Young (ed.), 앞의 책, 1994, pp.114~115.

13. James E. Young (ed.), 앞의 책, 1994, pp.159~161.

14. 최호근, "미국에서의 홀로코스트 기억 변화", 『미국사연구』 19, 2004.5., pp.133~158.

15. Yad Vashem (https://www.yadvashem.org)

16. Martin Winstone, 앞의 책, 2015, pp.1~12.

17. 1985년 소련공산당 서기장으로 선출된 이후, 사회주의체제 개혁을 추구하였다. 개혁정책인 페레스트로이카(perestroika)를 실시하여 소련의 정치와 경제 분야에 개혁·개방 정책을 추진했으며, 미소냉전을 끝내고 세계정치의 흐름을 크게 바꾸어 놓았다.

18. 홀로코스트 피해자 규모에 대해서 다양한 주장과 연구결과가 있기 때문에, 신뢰성 있는 합의된 통계는 명확하지 않다. 일반적으로 유대인 약 600만 명을 포함한 전쟁포로, 폴란드인, 장애인, 집시 등, 프리메이슨 회원, 슬로베니아인, 동성애자, 여호와의증인 등 약 1천1백만 명의 민간인과 전쟁포로를 학살한 사건을 말한다. 미국의 홀로코스트 기념관은 유대인 600만 명을 포함하여 1,500~2,000만 명이 사망한 것으로 말하고 있기도 하다. [United States Holocaust Memorial Museum, "Learn about the holocaust" (https://www.ushmm.org/learn/holocaust)]

19. https://www.ushmm.org

20. 미국에서는 홀로코스트를 부정하거나 반유대주의적 적개심을 담은 표현도 불법에 속하지 않지만, 홀로코스트의 현장이었던 유럽의 독일, 오스트리아, 스위스, 프랑스, 벨기에, 네덜란드, 룩셈부르크, 폴란드, 체코, 헝가리, 슬로바키아, 포르투갈, 러시아, 루마니아, 리투아니아, 리히텐슈타인, 이스라엘 등 17개국에서는 홀로코스트를 부정하는 행위를 법률에 따라 금지하고 있다. (Jacqueline Lechtholz-Zey, "The Laws Banning Holocaust Denial," *Genocide Prevention Now*, June 24, 2010)

2 _ 유대인과 홀로코스트

21. 십자군에 의한 종교적 박해와 종교개혁의 결과로, 유대인들의 상황은 더욱 악화되었다. 종교개혁을 시작한 루터(Martin Lurther)는 1543년 「유대인과 그들의 거짓말에 대하여(Von den Juden und Ihren Lügen: On the Jews and Their Lies)」에서 유대인과 유대교에 대한 충격적인 적대감을 나타냈으며, 이것은 기독교를 믿는 유럽인에게 지배적인 생각이었다.

22. 『공산당 선언』을 저술하여 공산주의 혁명가로 활동한 유대계 카를 마르크스(Karl Heinrich Marx)를 비롯한 유대인들은 정치, 사회, 언론, 금융 등 다양한 분야에서 공산주의 활동을 펼쳤다. 대표적으로 러시아 사회주의 혁명에 소련 정부기관의 주요 요직에 주도적으로 참여하였으며, 독일에서도 좌파 정당의 유대계 정치인들은 바이마르공화국의 요직을 독식했다. 헝가리에서도 공산주의 정권을 장악하고, 폴란드에서도 그들은 유대인사회주의당(the Bund)을 만들어 활동하기도 하였다. 미국에서도 냉전시대 때, 미국 공산주의자들의 절반 이상이 유대인이었기 때문에 소련 공산주의와 연계된 것으로 의심받았고, 유대인 지도자는 의도적으로 반공주의자임을 밝혀야 하기도 했다.

23. 히틀러가 권력을 장악한 시기의 독일제국(1934~1945)을 일컫는 용어로서, 1933년 정권을 장악한 나치 독일이 1934년 대통령 힌덴부르크의 사망을 계기로 사용하기 시작했다. 나치 독일은 전체주의적 이념을 실현하는 제국으로서, 중세와 근대 초기의 신성로마제국(제1제국)과 1871~1918년의 독일제국(제2제국)을 계승하여 이어받았다고 하여 자신들을 '제3제국'이라고 불렀다.

24. 볼프강 벤츠, 최용찬 역, 『홀로코스트』, 지식의풍경, 2002, pp.37~38.

25. 나치 정권은 독일 유대인에 대한 국외 이주를 강요하면서도 저지하는 모순적 정책을 취하였다. 1939년 초에는 이주 압력을 강화하더니, 대대적인 이주방해 공작이 곧장 뒤따랐고, 1941년 가을에는 이주금지 조치가 내려졌다. (위의 책, pp.46~47)

26. 나치 독일은 소련과 전쟁을 시작하면서, 1942년 1월 20일 라인하르트 하이드리히가 주관하고 나치 정부의 다양한 부처가 참석한 반제회의(Wannseekonferenz: Wannsee Conference)에서 유럽 전역의 유대인 문제를 최종적으로 해결하기 위한 방안을 논의하였다. 유럽에 있는 유대인들을 강제수용소로 이송하기로 결정하였으며, 점령한 폴란드 총독부 관할 지역에 유대계 폴란드인을 시작으로 점령지역의 유대인을 조직적으로 살해하기 위한 작전을 세워 실행에 옮겼다.

27. 19세기부터 20세기 초에 걸쳐, 제정러시아에서 경찰이나 그 앞잡이들의 선동에 의하여 유대인, 피억압 소수민족, 혁명적 노동자 등을 대상으로 행해진 조직적 약탈과 학살을 의미하는 러시아어이다. 독일에서는 나치가 주도하였으나, 때로는 일부 지역민이 자발적으로 유대인에게 폭력을 행사하였다. 1938년 11월 9일 저녁과 그 다음날에 걸쳐 독일과 오스트리아에서 발생한 '수정의 밤' 사건이 대표적이다.

3 _ 장애인, 집시, 동성애자의 피해

28. T4라는 이름은 사무국이 있던 베를린 티어가르텐 4번지(Tiergartenstraße 4)에서 유래하였다.

29. '14f13 작전(Action)'은 '특별대우(Sonderbehandlung)'로 불리기도 하였다. 나치가 수용소에서 쓸모없다고 판단한 병약자와 노인을 골라서 가스실에서 죽이기 위한 작전으로, 1941년부터 1944년까지 진행되었다.

30. Martin Winstone, 앞의 책, 2015, pp.1~12.

31. 서아시아, 유럽, 특히 동유럽에 주로 거주하는 인도아리아계 유랑민족을 일컫는 말. 자기 자신을 롬(Rom, 단수)이나 로마(Roma, 복수)로 부르며, 집시어는 로마니(Romany)라 한다. 독일이나 주변 지역에 사는 집시를 신티, 동유럽에 사는 집시를 로마로 세분하여 부르는 것이 선호된다. (위의 책, pp.1~12)

32. 나치 독일에 존재했던 히틀러 친위대(SS: Schutzstaffel)의 사설 무장부대로, 대량학살을 일삼은 조직이다. 공식 명칭은 '보안경찰 및 보안국 특수작전집단(Einsatzgruppen der Sicherheitspolizei und des SD)이다.

33. Martin Winstone, 앞의 책, pp.1~12; 볼프강 벤츠, 앞의 책, 2002, pp.127~137.

34. 1900년 뮌헨에서 태어난 하인리히 힘러는 나치당에 입당하여 히틀러의 봉기에 가담하였고, 1929년 나치스의 친위대장으로 임명되었다. 강제수용소를 친위대 감독 하에 두고 동유럽에 죽음의 수용소를 만들었으며, 가스 살인 등 홀로코스트 대학살을 기획하였다.

4 _ 민간인과 반대자의 피해

35. Památník Lidice (http://www.lidice-memorial.cz/en/); Renata Hanzliková and Přemysl Veverka, *Lidice Before, Lidice Today*, VEGA-L, 2009.

2편

홀로코스트와 관련된 기억의 장소, 게토

1

게토의 형성과 유대인의 삶

홀로코스트와 관련된 장소는 폴란드와 독일을 중심으로 하여 제2차 세계대전 당시 제3제국과 동맹국에 의해 점령된 모든 국가에 퍼져 있다. 지리적으로 다양하고 사례가 많기 때문에, 이것에 대해 모두 설명한다는 것은 백과사전을 만드는 일과 같다.

히틀러가 정권을 잡고 나서 독일에 사는 유대인은 폭력적인 공격과 점차 증가하는 차별적 조치에 노출되었다. 이러한 현상은 독일이 점령하는 국가에서 계속되었다. 나치는 유대인 커뮤니티를 고립시켜 차별적으로 통제하며, 강제수용소로 이송하기 위해 게토를 만들었다. 제한된 구역에서 많은 사람이 생활하여 과밀하고 비위생적이었으며, 영양결핍과 전염병으로 많은 유대인이 죽었다. 게토는 1939년 후반 폴란드를 시작으로, 1941년 초반까지 폴란드의 바르샤바·크라쿠프·우츠·비아위스토크·루블린, 독일의 베를린·프랑크푸르트암마인, 체코의 프라하·테레진, 헝가리 부다페스트 등 주요한 도시에 만들어졌으며, 이 중에서 바르샤바, 베를린, 프라하, 테레진 게토가 대표적 사례이다. 이곳에는 인근 지역에 살고 있거나 농촌에 살고 있는 유대인들이 이송되어 갇혔으며, 심지어 1941~1942년에는 소련에서 살고 있는 유대인과 제3제국이 통치하고 있는 지역의 많은 유대인이 폴란드 등 동부의 게토로 이송되기도 하였다.

대부분의 게토에는 나치의 요구를 실행하는 책임을 지는 유대인 평의회Judenrat나 장로 평의회Council of Elders, Ältestenrat가 설치되었다. 위원회 구성원은 게토 거주자에 의해 선발되었지만, 나치가 지명한 인물도 포함되었다. 위원회 구성원의 대부분은 유대인 커뮤니티를 보호하고 점차 빈곤해지는 거주자들을 위한 복지와 교육시스템을 유지하기 위해 노력하였다. 일부 평의회 지도자들은 나치가 이송자 명단을 달라는 요구를 거절하기도 하였지만,[36] 나치는 스스로 이송자를 결정하기도 하였다. 1943년 많은 게토에서는 지하조직이 구성되어 나치에 저항하였으나 실패로 돌아가고, 살아남은 적은 수의 유대인은 죽음의 수용소로 보내졌다. 1943년 힘러가 남아 있는 게토를 파괴하도록 지시하였고, 1944년에는 루블린 게토 등 오직 몇 곳만 남았으며, 이후 보헤미아에 있는 테레진과 1944년 헝가리의 임시 게토를 제외하고는 더는 만들어지지 않았다.[37]

게토가 없는 도시에서도 독일과 오스트리아에서 발생했던 '수정의 밤'과 같은 포그롬이 있었는데, 나치에 의해 주도되었지만 때로는 지역 주민에 의해 자발적으로 폭력적인 공격이 일어나기도 했다. 도시에 있던 유대교회당이 파괴되었고 묘지도 훼손되었으며, 유대인들은 체포되어 수감되었고 이송 수용소나 동부의 수용소로 보내졌다.

홀로코스트는 소름끼치는 대량학살뿐만 아니라 수세기 동안 번창했던 유대인들의 삶과 문화의 파괴를 가져왔다. 유대인들이 살았던 도시마다 가까스로 남겨진 기도의 집, 벽에 남겨진 이디시어Yiddish 표기, 파괴된 유산들은 그들의 문화적 흔적을 잘 보여주고 있다.

2

바르샤바

유럽에서 유대인이 가장 많이 살았던 폴란드는 나치에 의해 유럽 전역에서 온 유대인을 학살하기 위한 주요 절멸수용소가 설치되면서, 가장 많은 희생자가 발생한 홀로코스트의 진앙지가 되었다. 유대인 학살에 폴란드인들의 동조가 있었다는 주장도 있지만, '야드바셈 의인상the title of Righteous'[38]을 가장 많이 받은 나라이기도 하다.[39] 아울러 폴란드인 역시 제2차 세계대전으로 큰 희생을 치렀으며, 공식적으로는 바르샤바 게토 봉기도 나치에 대한 폴란드의 저항으로 홀로코스트를 폴란드의 역사적 유산으로 융합해 왔다.[40] 폴란드는 공산주의 진영bloc에서 홀로코스트 관련 장소에 모뉴먼트나 메모리얼을 설치하는 데 가장 적극적이었으며, 동유럽이 자유로워진 1989년부터 폴란드 유대인의 과거를 껴안고 오랫동안 그들의 역사에 필수적이었던 유대인 커뮤니티를 적절하게 추모하고 있다.

폴란드의 수도인 바르샤바는 20세기까지 유럽 문화의 중심에 있었던 도시로서, 유대인이 가장 많이 사는 도시였다. 유대인은 14세기부터 살기 시작했지만, 1527년부터 1768년 사이에는 거주가 금지되기도 하였다. 유대인 인구는 19세기 초반 겨우 1만 명에 불과하였지만, 러시아제국의 다른 지역으로부터 바르샤바로 이주가 늘어나면서 20세기 초에는 30만 명 이상으로 빠르게 증가하였다. 유대인 문화의 중심으로서 약 300곳의 유대교회당과 기도처가 생겨났으며, 그들의 삶은 활력이 넘치고 다양성을 유지하였다.[41]

1939년 9월 독일의 기습 공격으로 폴란드가 불과 3주 만에 항복하면서, 폴란드에 살고 있던 유대인은 곧바로 점령자에 의해 박해를 당하였다. 폴란드의 다른 도시처럼 바르샤바에도 나치가 임명한 유대인 평의회가 설치되었다. 그 지도자는 폴란드 상원의원이자 도시위원회 멤버였던 동화된 유대인인 아담 체르니아쿠프Adam Czerniaków였다.

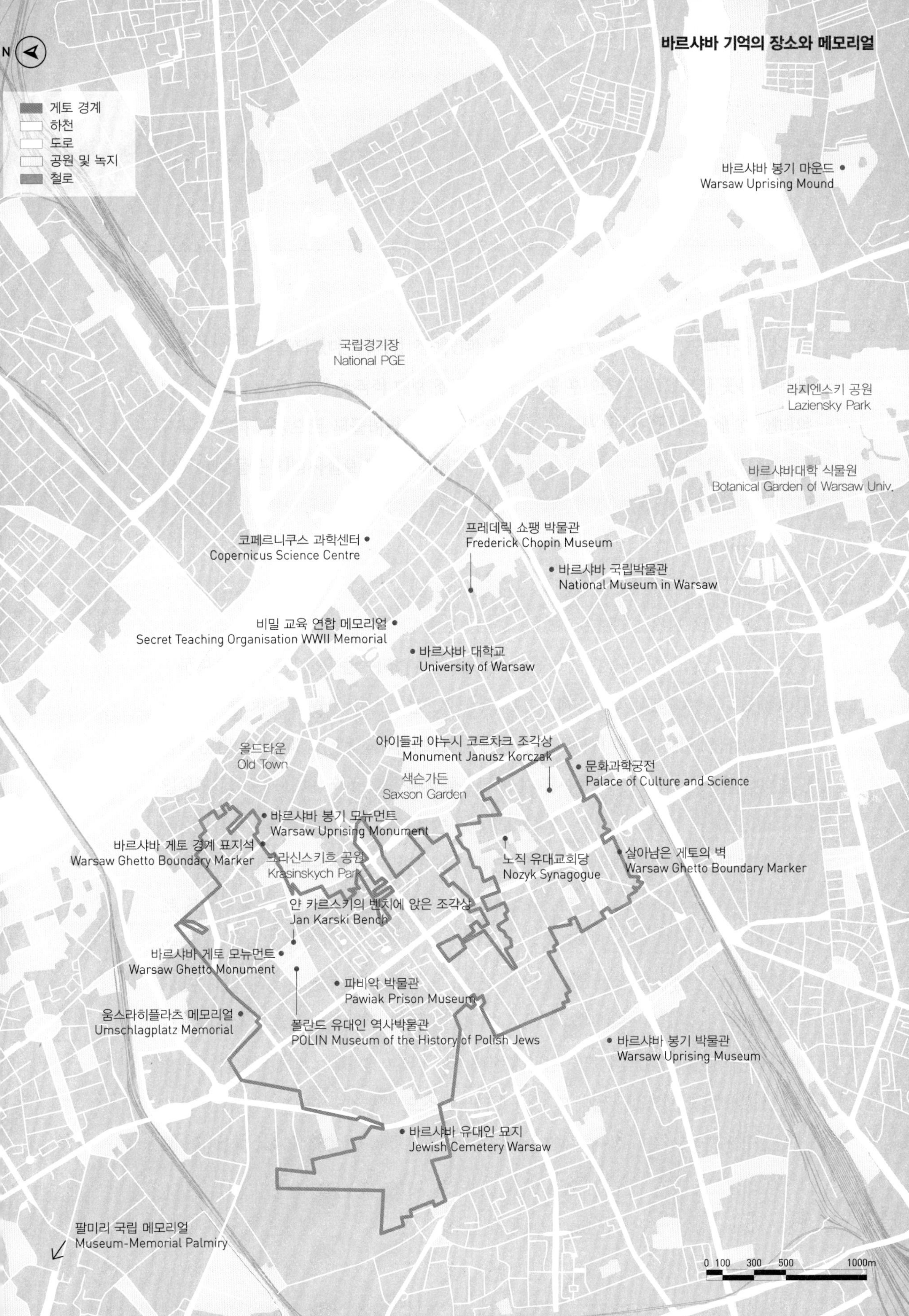
바르샤바 기억의 장소와 메모리얼
N
게토 경계
하천
도로
공원 및 녹지
철로
바르샤바 봉기 마운드
Warsaw Uprising Mound
국립경기장
National PGE
라지엔스키 공원
Lazienksy Park
바르샤바대학 식물원
Botanical Garden of Warsaw Univ.
코페르니쿠스 과학센터
Copernicus Science Centre
프레데릭 쇼팽 박물관
Frederick Chopin Museum
바르샤바 국립박물관
National Museum in Warsaw
비밀 교육 연합 메모리얼
Secret Teaching Organisation WWII Memorial
바르샤바 대학교
University of Warsaw
아이들과 야누시 코르차크 조각상
Monument Janusz Korczak
올드타운
Old Town
색슨가든
Saxon Garden
문화과학궁전
Palace of Culture and Science
바르샤바 봉기 모뉴먼트
Warsaw Uprising Monument
바르샤바 게토 경계 표지석
Warsaw Ghetto Boundary Marker
크라신스키흐 공원
Krasinskych Park
노직 유대교회당
Nozyk Synagogue
살아남은 게토의 벽
Warsaw Ghetto Boundary Marker
얀 카르스키의 벤치에 앉은 조각상
Jan Karski Bench
바르샤바 게토 모뉴먼트
Warsaw Ghetto Monument
파비악 박물관
Pawiak Prison Museum
움스라히플라츠 메모리얼
Umschlagplatz Memorial
폴란드 유대인 역사박물관
POLIN Museum of the History of Polish Jews
바르샤바 봉기 박물관
Warsaw Uprising Museum
바르샤바 유대인 묘지
Jewish Cemetery Warsaw
팔미리 국립 메모리얼
Museum-Memorial Palmiry
0 100 300 500 1000m

1939년 11월 초순에 나치가 처음으로 게토 설치를 논의하였지만 행정부 간의 긴장으로 계획이 지연되었으며, 1940년 10월에서야 설치 명령이 내려지고 그해 11월에 게토가 만들어졌다. 유대인 대부분은 이미 그 지역에 살고 있었지만, 게토가 생겨나면서 1941년 3월 게토 인구는 44만5천 명에 달하였으며, 과밀한 집중으로 음식이 부족하였고, 질병으로 인하여 매월 수천 명이 죽었다. 1942년 7월 23일 나치가 게토 유대인을 트레블링카 수용소로 보내기 위해 하루 6천 명 이송을 요구하자, 체르니코프는 이에 책임감을 느끼고 자살하였다.[42]

이송된 유대인들이 트레블링카 수용소에서 집단으로 학살되고 있다는 소식이 전해지면서, 남아 있던 6만 명의 유대인들에게는 희망이 없었다. 그 결과 폴란드에서 가장 큰 유대인 지하운동이 일어났다. 11월부터 모르데차이 아니엘레비치Mordechai Anielewicz가 이끄는 유대인전투조직ŻOB: Żydowska Organizacja Bojowa; the Jewish Combat Organization이 생겨났으며, 점차 유대인전투조직에 대한 믿음과 지지가 커졌다. 1943년 4월 19일 게토의 마지막 청산이 시작되었을 때, 유대인전투조직과 유대군사연합ŻZW: Żydowski Związek Wojskowy; the Jewish Military Union이 대규모로 저항하였으나, 결국 1943년 5월 16일 독일군이 트워마츠키에Tłomackie 가로에 있는 유대교 대회당을 폭파하면서 약 한 달에 걸친 봉기는 끝나게 되었다.[43]

바르샤바 게토 봉기 과정에서 나치의 무차별 전투로 게토 영역의 대부분이 파괴되었다. 유대인 1만3천 명이 전사하였으며, 5만7천 명 이상이 트레블링카 집단학살수용소 및 루블린 지역의 수용소로 보내졌다. 이들 대부분은 '수확제 작전Aktion Erntefest' 때 학살되었다.

바르샤바 게토 봉기로 많은 유대인이 희생되었고 게토가 파괴되었으나, 유럽에서 처음으로 민간인이 나치에 대규모로 무장저항을 했다는 점에서 상징적인 의미가 컸고 다른 지역에 사는 유대인에게도 큰 힘이 되었으며, 이어진 1944년 바르샤바 봉기[44]의 전조가 되었다. 오늘날 바르샤바는 불과 수천 명의 유대인이 살고 있지만, 게토에는 지금도 전쟁과 홀로코스트와 관련된 역사적 단편이 남겨져 있고, 기념의 장소에는 도시가 겪은 아픔을 기억하기 위한 모뉴먼트와 메모리얼이 조성되어 있다.

바르샤바 게토의 남겨진 모습: 바르샤바의 유대인 게토 지역은 역사적 건축물과 장소가 가장 잘 남겨진 곳이다. 도시 재개발로 인하여 점차 과거 모습이 사라지고 있지만, 게토의 옛 모습을 보려고 방문한 사람들을 쉽게 찾아볼 수 있다.

73.
POLIN
ŁĄCZY NAS
PAMIĘĆ
19.04.2016
REMEMBERING
TOGETHER
73. ROCZNICA POWSTANIA W GETCIE WARSZAWSKIM
73rd ANNIVERSARY OF THE WARSAW GHETTO UPRISING
Muzeum Historii Żydów Polskich POLIN
POLIN Museum of the History of Polish Jews

JAN KARSKI (KOZIELEWSKI)
1914 - 2000
EMISARIUSZ WŁADZ
POLSKIEGO PAŃSTWA PODZIEMNEGO
PROFESOR UNIWERSYTETU
GEORGETOWN W WASZYNGTONIE
„SPRAWIEDLIWY
WŚRÓD NARODÓW ŚWIATA”
ODZNACZONY
ORDEREM ORŁA BIAŁEGO
NOMINOWANY
DO POKOJOWEJ NAGRODY NOBLA
CZŁOWIEK
KTÓRY CHCIAŁ POWSTRZYMAĆ
HOLOKAUST
WARSZAWA 2012 R.

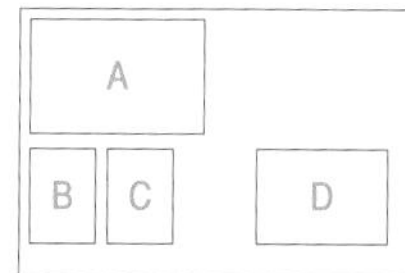

A **폴란드 유대인 역사박물관(POLIN Museum of the History of Polish Jews):** 게토 본부가 있던 상징적인 곳에 위치하여 폴란드 유대인의 천년 역사를 설명·전시하고 있다. 전시공간은 초기 중세 정착기, 수 세기 동안 격동의 사건들, 홀로코스트, 1989년 이후 유대인 커뮤니티의 부흥 등 여덟 가지 주제의 멀티미디어 갤러리로 구성되어 있다. 전쟁에서 살아남은 몇 안 되는 유대인전투조직의 마지막 사령관인 마렉 에델만(Marek Edelman)[45]이 매년 수선화로 만든 노란 꽃다발을 게토 영웅 기념비(Monument to the Ghetto Heroes)에 바쳤는데, 이 박물관에서는 게토 봉기 기념일인 4월 19일에 종이로 만든 수선화를 관람객에게 나누어 준다.

B **게토 봉기 기념 리플릿:** 게토 봉기 제73주년(2016년 4월 19일)을 맞이해 배포된 희생자들에 대한 존경과 희망, 기억을 상징

C **얀 카르스키(Jan Karski)의 벤치에 앉은 조각상:** 1935년부터 폴란드 외교관으로 근무하던 중 제2차 세계대전이 발발하자, 포병장교로 전쟁에 뛰어들어 나치와 소련에 대항해 싸웠고, 폴란드 망명정부에 참여하기도 하였다. 나치의 유대인 학살 만행을 영국·미국 등 서방국가 지도자들에게 알려서 홀로코스트의 참상이 세상에 알려지게 되었다.

D **아이들과 야누시 코르차크(Janusz Korczak) 조각상:** 바르샤바 문화과학궁전 북측의 슈비에토크르지스키(Świętokrzyski) 공원에 있다.

1940-1943

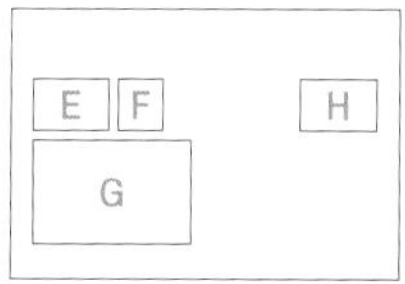

E **움스라히플라츠 메모리얼(Umschlagplatz Memorial):** 게토의 북측 경계 지점에 위치한다. 1942년 7월 22일부터 트레블링카, 아우슈비츠로 유대인들을 이송하던 기차역이었던 곳에, 1988년 건축가 한나 슈말렌베르크(Hanna Szmalenberg) 및 조각가 블라디슬라브 클라메루스(Wladyslaw Klamerus)가 설계한 메모리얼이 만들어졌다. 메모리얼의 기념벽에는 수용소로 이송되어 희생된 유대인의 이름을 새겨 추모하고 있으며, 구약전서 욥기 제16장 18절, "O earth, cover not thou my blood, and let my cry have no place(땅아, 내 피를 가리우지 말라. 나의 부르짖음으로 쉴 곳이 없게 되기를 원하노라)"를 새겨 놓았다.

F **바르샤바 게토 경계 표지석(Warsaw Ghetto boundary marker):** 1988년 바르샤바 게토 모뉴먼트와 움스라히플라츠 메모리얼 사이의 섬장석 돌이 깔린 길(trail) 위에, 19개의 검은 화강석 블록이 세워졌다. 여기에는 게토 경계를 나타나는 설명이 폴란드어와 히브리어로 새겨져 있다.

G **바르샤바 게토 모뉴먼트(Warsaw Ghetto Monument):** 바르샤바 게토 모뉴먼트는 유대계 폴란드인 조각가 나단 라포포트(Nathan Rapoport)가 만든 것으로, 1948년 4월 19일 바르샤바 게토 유대인 봉기 5주년을 기념하여 게토 봉기의 본부가 있던 곳에 설치되었다. 파괴되어 황량했던 곳에 게토를 상징하는 기념적 모뉴먼트를 만들고, 전면에는 청동 부조로 봉기(rising)를, 후면에는 화강석으로 이송(deportation)을 나타내고자 하였다. 전쟁이 끝나고 나치에 저항하는 유대인 레지스탕스의 영웅적 활동과 바르샤바 유대인의 절멸을 나타내는 최초의 메모리얼로, 유대인 게토 봉기의 대표적인 아이콘이 되었다. 전 세계에 있는 수천 곳의 홀로코스트 메모리얼 중에서 가장 널리 알려졌으며, 유럽과 이스라엘에 있는 수십 개의 모뉴먼트에 영향을 주었다. 해마다 젊은 폴란드 유대인들이 히브리어·이디시어·폴란드어로 "우리는 당신의 아이들입니다"라고 적힌 화환을 바친다. 폴란드를 방문하는 교황·대통령·수상 등 귀빈들의 중요한 방문 장소로, 1970년 서독 총리인 빌리 브란트가 이곳에서 무릎을 꿇고 나치 독일이 1943~1944년 폴란드인과 유대인을 학살한 것을 사죄하여 역사적인 행동으로 평가받고 있다.

H **살아남은 게토의 벽:** 게토 남측 경계의 한 부분으로, 1940년 11월 16일 시엔나(Sienna) 53번지와 55번지 사이에 있었던 게토 벽이다. 1970년대 후반 이후, 지역 거주자와 참전용사 아르미아 크라요바(Armia Krajowa), 미에치슬라프 예드루크손크(Mieczyslaw Jedruszczazk)의 노력으로 역사적 부지와 벽을 보전할 수 있었다. 벽돌 벽에는 '기억의 장소(Miejsce Pamieci)' 표시와 지도 및 명판이 부착되어 있다.

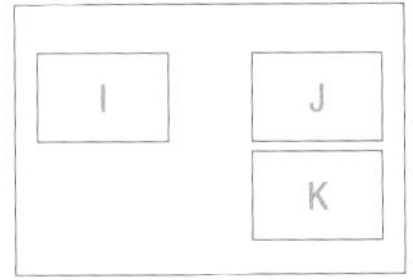

I **바르샤바 봉기 모뉴먼트:** 바르샤바 봉기의 영웅들을 기념하기 위한 모뉴먼트로서, 두 부분으로 구성되어 있다. 하나는 탑문(塔門, pylon)에서 나오는 저항군을 나타내고, 다른 것은 독일군으로부터 달아나는 저항군과 스타로브카(Starówka) 주민이 하수구로 들어가는 모습을 보여 준다. 하수구 개구부는 크라신스키(Krasiński) 광장에 위치하고 있다.

J, K **바르샤바 봉기 마운드:** 제2차 세계대전이 끝나고 1946~1950년 사이에 파괴된 바르샤바의 잔해를 쌓아 만든 것으로, 높이가 120m에 달한다. 이 언덕은 도시의 잔해뿐만 아니라 바르샤바 봉기 때 희생된 시민들의 유해를 포함하고 있어, 도시의 신전으로 여겨진다. 이곳은 유럽에서 가장 긴 400계단과 40개의 계단참을 통해서 도달할 수 있으며, 경사진 지형의 계단 좌우에는 노랗게 핀 꽃과 함께 희생자를 추모하는 십자가가 세워져 있다. 1994년에는 바르샤바 봉기 발발 50주년을 기념하여, 언덕 정상에 과거 '폴란드 내무군'[46] 소속 군인들이 15m 높이의 바르샤바 봉기군을 나타내는 상징조형물을 세웠다. 닻 모양의 코트비차(Kotwica)는 폴란드어 'Polska Walcząca'(Fighting Poland)의 앞 글자인 P와 W를 합쳐 바르샤바 봉기군을 나타내며, 앞에 있는 '1944'는 바르샤바 봉기가 있었던 해를 나타낸다. 나치의 만행에 맞선 바르샤바 봉기군의 투쟁을 의미하는 상징적 요소로, 바르샤바 봉기와 관련된 메모리얼과 모뉴먼트에 필수적으로 적용되는 바르샤바의 대표적 상징물이다.

1944

3

베를린

베를린에서는 오래 전부터 유대인이 살았다. 중세 시대인 1570년대에는 모든 유대인이 추방되기도 하였고, 포그롬과 유사한 약탈 및 학살 등으로 커뮤니티가 파괴되었으나, 수백 년이 지나서 재정착하였다. 18세기에는 강력한 프로이센의 수도로서 베를린의 지적인 영향력은 점차 커졌으며, 유럽 동부 및 중부 유대인 사이에 일어난 계몽운동인 하스카라Haskalah의 중심이었다. 이러한 발전으로 독일의 다른 도시와 다르게 베를린에는 수천 명의 교육받은 사람, 중류층, 매우 동화된 삶을 사는 유대인들이 살고 있었으며, 한편으로는 새롭게 이주해 온 가난하고 정통유대주의Orthodox Judaism와 급진적·정치적 성향의 유대인들이 혼재되었다. 1933년에 이르러 독일에서 가장 많은 16만 명에 달하는 유대인이 살았다.

나치의 출현으로 베를린의 유대인 커뮤니티는 박해를 당하기 시작했으며, 베를린 동쪽 유대인 지구Jewish Quarter의 슈판다우 포어슈타트Spandauer Vorstadt와 스체우네비에르텔Scheunenviertel 인근에 집중하여 살았던 동부유대인Ostjuden은 나치 돌격대 SASturmtruppen[47]의 주요한 폭력의 대상이 되었다. 이러한 폭력은 도시지역에서 심각하였는데, 1938년 5월 초순에 유대교회당을 공격한 것이 대표적 사례이다. 이어서 1938년 11월 9일 '수정의 밤' 사건이 발생하여 독일 전역에서 유대인들이 공격을 당했다. 이 과정에서 200여 곳 유대교회당이 불타서 파괴되었고, 수만 채의 집과 상점이 약탈당했으며, 3만 명 이상의 독일계 유대인이 다하우, 부헨발트, 작센하우젠 강제수용소로 보내졌고, 부유한 유대인 가정의 재산은 몰수되었다. 그 여파로 약 9만 명에 달하는 유대인이 베를린을 떠나 해외로 이민을 갔다. 1941년 10월 18일 베를린에서 유대인 추방이 시작되었으며, 약 6만 명은 18개월 동안 여러 곳으로 이송되거나 이민을 떠나, 나치는 1943년 6월에 도시에 유대인이 더는 없다고 선언하기도 하였다.

베를린 기념의 장소와 메모리얼
N
하천
도로
공원 및 녹지
철로
베를린 장벽공원
Berlin Wall Park
베를린 유대인 묘지와 강제추방 메모리얼
Memorial Jewish Cemetery in Berlin with Deportation Memorial
노이에 바헤
New Guardhouse
베를린 유대인박물관
Jewish Museum Berlin
신 유대교회당
New Synagogue
체크포인트 찰리
Checkpoint Charlie
체크포인트 찰리 박물관
Checkpoint Charlie Museum
베를린 장벽 메모리얼
Berlin Wall Memorial
유럽에서 살해된 유대인을 위한 메모리얼
Memorial to the Murdered Jews of Europe
나치의 잔학 행위에 관한
기록물이 보관된 센터
Topography of Terror
브란덴부르크 문
Brandenburg Gate
포츠담 광장
Potsdam Square
국가사회주의에 의해 희생된 유럽의 신티와 로마를 위한 메모리얼
Memorial to the Sinti and Roma of Europe Murdered under National Socialism
국가사회주의에 의해 처형된 동성애자를 위한 메모리얼
Memorial to the Homosexuals Persecuted under
the National Socialist Regime
독일 저항 기념센터
German Resistance Memorial Center
플릿츠 스콜스 공원
Fritz-Schols Park
티어가르텐
Tiergarten
카이저 빌헬름 기념교회
Kaiser Wilhelm Gedächtnis Kirche
0 100 300 500 1000m

'수정의 밤'에 피해를 입은 유대인 상점 [출처: 워싱턴 DC 홀로코스트 기념관(미국 국립문서기록관리청 제공)]

전쟁이 끝난 후 2~3천 명 정도의 유대인이 서베를린에 남아 있었는데, 1989년 베를린 장벽이 붕괴되고 독일이 통일된 이후, 이전 소련 지역에서 살던 유대인들이 유입되어 커뮤니티는 크게 변화되고 있으며, 현재는 2만5천 명이 살고 있다.[48]

점차 베를린에 있는 유대인 유산에 대한 관심이 커지고, 2001년 유대인 박물관이 만들어지는 등 큰 변화가 나타났다. 전쟁 후 독일에서는 나치의 범죄를 맞닥뜨리는 것에 대한 거리낌이 컸지만, 지금은 과거를 반성하기 위해서 홀로코스트의 희생자를 추모하는 많은 메모리얼이 만들어졌다. 특징적으로 독일에서는 독일어 '만말Mahnmal'과 같은, 과거의 잘못을 상기하기 위한 경고의 기념물이 등장하기도 하였다. 홀로코스트의 희생자로서 소홀히 다뤄졌던 장애인과 집시에 대한 관심도 커졌으며, 21세기 들어서면서 베를린 도심에 이들을 위한 메모리얼이 만들어졌다. 아울러 나치 독일에 저항했던 운동과 사건에 주목하여, 희생자를 추모하고 그들의 노력을 고양하는 메모리얼이 만들어졌다.

신 유대교회당

New Synagogue / Neue Synagoge
위치: Oranienburger Str. 28~30, 10117 Berlin, Germany
홈페이지: https://www.or-synagoge.de

베를린 유대인에게 가장 주목받는 유물로서, 급증하는 유대인 커뮤니티의 수요에 부응하여 1866년에 세워졌다. 이 유대교회당은 당시 지구 경찰대장 빌헬름 크뤼츠펠트(Wilhelm Krützfeld)의 노력으로 '수정의 밤' 사건에서 살아남았다. 1940년부터 독일 국방군 기지로 사용되다가 1943년 영국 공군의 폭격으로 심하게 손상되었고, 1988년까지 동독 정부에 의해 방치되었다가 1995년 보수가 완료되었다. 눈에 띄는 무어(Moor) 양식의 돔이 인상적이며, 베를린 유대인의 중요한 문화유산이 되었다.

© Aníbal Trejo / Shutterstock.com

노이에 바헤

New Guardhouse / Neue Wache

위치: Unter den Linden 4, 10117 Berlin, Germany

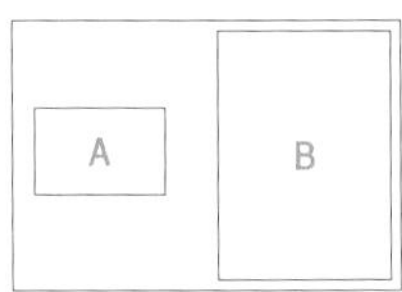

A **노이에 바헤:** 1918년 독일의 건축가 카를 프리드리히 싱켈(Karl Friedrich Schinkel)에 의해 설계된 신전 같은 신고전주의식 돔형 건물로서, 프로이센 황실 경비대를 위한 건물로 지어졌다. 제1차 세계대전 이후에는 전쟁 희생자를 위한 추모관으로 사용되었는데, 이후 전쟁의 희생자 모두를 추모하기 위한 국가적 메모리얼로 인식되고 있다. 제2차 세계대전 승전국 정상이 베를린을 방문하면, 전쟁 희생자들을 추모하는 상징적인 장소인 이곳을 방문하여 헌화한다.

B **「죽은 아들을 안은 어머니」 조각상:** 1989년 베를린 장벽이 무너지고 통일 독일이 되면서, 헬무트 콜(Helmut Kohl)[49] 총리는 국민의 통합, 희생자 및 가해자와 동서의 화해를 나타내는 케테 슈미트 콜비츠(Käthe Schmidt Kollwitz)의 작품 「죽은 아들을 안은 어머니」를 신전 중앙에 배치하는 조각으로 제안하여 1993년에 설치하였다. 가해자인 국가사회주의자와 희생자의 죽음을 동일시하는 부적절함이 논란이 되었으나, 전쟁 희생자를 추모하기 위한 가장 보편적인 조각이라고 인식되었으며, 조각을 설치하기 전에 나치의 희생자인 유대인, 동성애자, 집시를 추모하기 위한 청동 명판을 노이에 바헤의 주랑현관(柱廊玄關)에 설치하였다.

베를린 유대인묘지와 강제추방 메모리얼

Memorial Jewish Cemetery in Berlin with Deportation Memorial
Jüdischer Friedhof Große Hamburger Straße
위치: Große Hamburger Str. 26, 10115 Berlin, Germany

19세기까지 사용되었던 유대인 묘지로 1943년 파괴되었다. 이후 1970년에 기념공원으로 바뀌었고, 최근에도 새롭게 리노베이션되었다. 입구에는 1985년 빌 람머트(Will Lammert)가 만든 강제추방되거나 이송된 사람을 표현한 군상(群像)이 있는데, 이것은 파시즘에 의해 희생된 유대인을 기리기 위해 처음으로 세워진 공산주의 스타일의 모뉴먼트이다. 오른쪽 벽면에는 평화를 추구하는 벽화가 그려져 있다.

유럽에서 살해된 유대인을 위한 메모리얼

Memorial to the Murdered Jews of Europe
Denkmal für die ermordeten Juden Europas
위치: Cora-Berliner-Straße 1, 10117 Berlin, Germany
홈페이지: https://www.stiftung-denkmal.de

베를린 중심에 위치한 이 메모리얼은 히틀러의 심복으로서 나치 정권의 선전을 담당하고 '수정의 밤' 사건을 선동했던 요제프 괴벨스(Joseph Goebbels) 벙커가 있었던 곳으로, 유대계 미국인 피터 아이젠만(Peter Eisenman)의 설계에 따라 지형기복이 있는 1만9천m^2 면적에 방대한 유대인 묘지를 닮은 듯한 2,710개의 커다란 콘크리트블록이 덮고 있다. 이곳에 대한 사전정보가 없으면 메모리얼의 목적이 잘 드러나지 않는 추상적 형태로, 방문객에게 과거에 대한 명확한 답을 주지 않는다. 이러한 이유로 작품 선정과정에서 논란이 있었으며, 독일 연방 하원의원의 주장에 따라 지하에 홀로코스트 박물관이 추가로 만들어졌다.

베를린 유대인박물관

Jewish Museum Berlin (JMB)
Jüdisches Museum Berlin
위치: Lindenstraße 9-14, 10969 Berlin, Germany
홈페이지: http://www.jmberlin.de

동·서독 분단 시절 베를린 장벽에 인접하여 위치하고 있다. 1989년 베를린 시정부는 유대인박물관을 포함하는 베를린 박물관 확장을 위한 공모전을 통해 폴란드 태생의 유대계 미국인 건축가 다니엘 리베스킨트(Daniel Libeskind)의 설계안 「Between the Lines」를 채택하여, 오랜 건축 기간을 거쳐 2001년 9월에 개관했다. 베를린 유대인박물관은 18세기 바로크양식의 옛 건물과 1980년대 만들어진 정원 그리고 리베스킨트 건물로 구성되는데, 해체주의 양식의 건축물로서 티타늄아연을 소재로 한 건물의 형태는 파격적인 지그재그 형태로, 유대인을 나타내는 다윗의 별을 변형시켜 놓은 듯하다. 그는 이 작품으로 널리 알려졌으며, 2003년 뉴욕 세계무역센터(World Trade center) 부지의 '그라운드 제로(Ground Zero)' 프로젝트에 당선되기도 하였다.

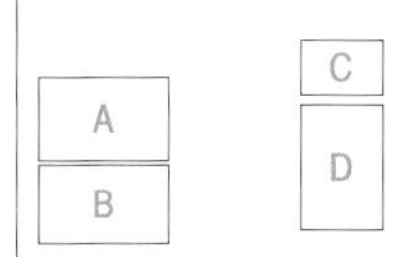

A **베를린 유대인박물관의 외부와 유리창:** 티타늄아연 소재의 외관과 교차하거나 경사진 창은 비체계적이며, 밖에서 내부 바닥구조가 보이지 않도록 하고 있다.

B **베를린 유대인박물관의 모형:** 구부러진 벽과 비정형 콘크리트로 만든 지그재그 형태를 통하여 독일 유대인의 역사를 말하고자 하였다. 깨진 다윗의 별이나 번쩍이는 번개처럼 다양한 해석이 가능한 건물 형태는 사람들에게 불확실성을 주고, 방향감각을 상실하게 한다.

C **베를린 유대인박물관 지하에 만들어진 '망명의 축'과 '홀로코스트의 축' 동선**

D **옛 건물과 리베스킨트 건물로 가는 가파른 계단:** 독일에서 유대인 삶의 역사를 상징하는 '망명의 축(Axis of Exile)', '홀로코스트의 축(Axis of the Holocaust)', '연속의 축(Axis of Continuity)'을 연결한다. 82계단을 통하여 2층에는 영구전시관 입구가 있다.

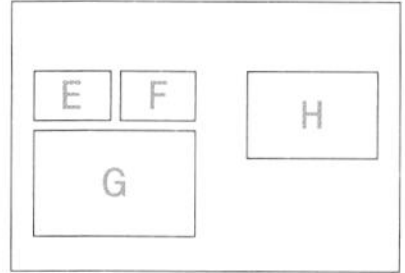

E, F **베를린 유대인박물관 정원에서 바라보는 바로크식 옛 건물과 리베스킨트가 설계한 유리 중정(Glass Courtyard)**

G **망명의 정원(Garden of Exile):** 베를린 유대인박물관 밖에 만들어진 정원으로, 유대교 전통에서 성스러움을 의미하는 숫자 7을 경사진 땅 위에 7×7로 배치한 49개의 콘크리트 기둥이 세워져 있다. 기둥 꼭대기에는 희망을 상징하는 러시안올리브가 자라고 있다. 이스라엘의 건국 연도인 1948년을 나타내는 48개는 베를린의 흙이 채워져 있고, 제일 가운데 있는 49번 기둥에는 예루살렘에서 가져온 흙이 채워져 있다. 리베스킨트는 방문객들이 '망명의 정원'에서 기울어진 지면과 기둥 배치를 통한 공간적 경험을 함으로써, 독일에서 쫓겨나는 유대인들의 방향성 상실과 불안정성을 느낄 수 있도록 하였다.

H **'기억의 공백(Memory Voids)'에 설치된 메나셰 카디시만(Menashe Kadishman)의 「낙엽(Schalechet)」:** 베를린 유대인박물관의 상징적 공간 중 하나인 '기억의 공간'에 설치되어 있다. 무겁고 두꺼운 철판으로 만든 1만 개가 넘는 입 벌린 얼굴이 1층의 빈 공간을 덮고 있다. 전쟁 희생자에 대한 고통스러운 기억을 불러일으킨다.

그루네발트역 메모리얼 트랙 17

Memorial Track 17 at Grunewald Station
Mahnmal Gleis 17 am Bahnhof Grunewald
위치: Am Bahnhof Grunewald, 14193 Berlin, Germany

베를린 남동부에 위치하는 이 역은 1879년 8월 1일 훈데켈레(Hundekehle)역으로 세워졌다가 1884년 그루네발트역으로 개칭하였으며, 1899년 역 주변 그루네발트 주거지역의 건물 모습과 비슷한 역사(驛舍)를 건축하였다. 그루네발트 주거지역은 1889년부터 234ha의 면적에 건설되었으며, 습지지역의 배수(排水)를 위해 4개의 인공 호수를 설치하였다. 호수 주변에는 은행가, 출판가, 작가, 과학자 등 유대인이 높은 비율로 살고 있었다. 1941년 10월부터 1945년 전쟁이 끝날 때까지 그루네발트역에서는 아우슈비츠 수용소로 보낸 유대인 1만7천 명을 포함하여 베를린 시민 5만 명 이상이 절멸수용소로 이송되어 살해되었기 때문에, 나치 시대에 베를린 유대인이 강제수용소로 끌려간 주요 역이 되었다. 1991년 9월 18일 메모리얼이 개장되면서 콘크리트 기념벽과 기념 명판이 세워졌으며, 1998년 1월 28일 '플랫폼 17'에는 이송 일자, 이송자 수, 각 열차의 목적지가 적힌 183개의 주철 기념판이 설치되었다.

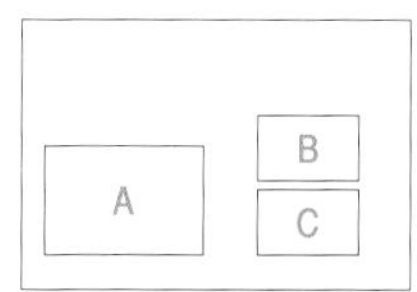

A 어디론가 강제로 끌려가는 듯한 인간의 몸이 반추상(半抽象)으로 음각된 콘크리트 기념벽
B 군인들의 단체방문
C 이송 일자, 이송자 수, 각 열차의 목적지가 새겨진 183개의 주철판

브란덴부르크 문

Brandenburg Gate
Brandenburger Tor
위치: Pariser Platz, 10117 Berlin, Germany

프로이센왕국의 국왕인 프리드리히 빌헬름 2세가 전쟁 이후 피폐해진 베를린을 복구할 때, 건축가 카를 고트하르트 랑한스(Carl Gotthard Langhans)에 의해 1791년에 만들어진 초기 고전주의 양식의 개선문이다. 이후 독일제국, 바이마르공화국, 나치 독일, 동독, 독일을 거치면서 독일 민족주의의 상징이 되었다. 히틀러가 총리가 되던 1933년 이후에는 나치당의 상징물이 되기도 했으며, 2차 세계대전 후 독일이 동서로 분단되면서 동독에 포함되었고, 1961년엔 문 옆으로 베를린 장벽이 세워져 분단과 냉전을 상징하는 문이 되었다. 1989년 베를린 장벽이 무너지고 동·서독 통일이 된 후에 브란덴부르크 문은 자유와 평화의 상징으로 거듭나고 있다.

독일 저항 기념센터

German Resistance Memorial Center
Gedenkstätte Deutscher Widerstand
위치: Stauffenbergstraße 13~14 10785 Berlin-Mitte, Germany
홈페이지: https://www.gdw-berlin.de

독일 저항 기념센터는 베를린 티어가르텐 지구에 있는 역사적 건물 단지인 벤들러블록(Bendlerblock)에 있다. 1944년 7월 20일, 예비군 사령관 참모장이자 군수장비 참모장이었던 클라우스 폰 슈타우펜베르크(Claus von Stauffenberg)는 동프로이센 라슈켄부르크(Rastenburg) 가까이 있는 볼프스산체(Wolfsschanze)[50] 야전사령부 회의실에 접근할 수 있었다. 그는 폭탄을 넣은 서류가방을 놓고 나왔으며, 방을 빠져나오는 순간 폭발을 목격하고 히틀러가 죽었다고 판단하여 그날 저녁까지 벤들러 스트라세에서 군대를 일으키려고 하였던 베를린으로 돌아갔다. 그러나 히틀러는 가벼운 부상만 입은 채 빠져나왔으며, 히틀러 생존 소식이 전해지자 베를린 사령부 반쿠데타 진영에서 사전에 음모를 알고 이를 묵인했던 프리드리히 프롬(Friedrich Fromm) 장군은 자신의 연루 사실이 드러나지 않도록 지금의 추모의 안마당에서 슈타우펜베르크와 올리히트를 비롯한 가담자를 즉시 총살하였다.

1952년 7월 20일 이후로, 국가사회주의(National Socialism)에 대한 저항을 기억하며 독일 저항 기념센터의 안마당에서 매년 기념식을 개최하였다. 1968년 7월 20일에는 저항 기념관이 문을 열었으며, 나치 시대에 있었던 독일의 모든 저항 기록을 전시하여 추모와 교육의 장으로 탈바꿈하였다. 1989년 7월 20일 새롭게 확장하였고, 2014년 대대적인 내부 수리를 통하여 현대화하였다. 나치의 국가사회주의 독재에 대한 용감한 저항이 독일의 위신과 명예를 지켰다고 말하는 것처럼, 1999년 7월 20일 처음으로 독일연방군 신병 선서식을 거행하기도 했다. 지금은 저항운동의 동기, 목적, 형태 등에 관한 광범위한 자료[51]를 제공하는 회고의 중심적 부지가 되었다.[52]

1944년 7월 20일, 독일 저항 기념센터 자리에서 총살당한 다섯 명의 이름이 적혀 있는 기념판과 화환

벤들러블록과 히틀러 암살시도를 설명하는 유리 해설판

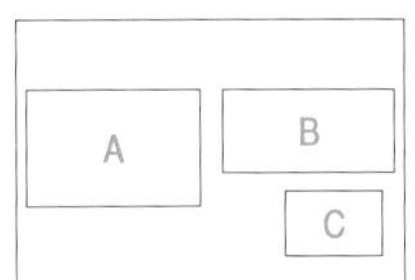

A **1980년 에리히 로이쉬(Erich Reusch)가 설계한 독일 저항 기념센터의 기념 안마당:** 중앙에 추모 동상, 왼쪽 벽에 추모판과 화환이 보인다.
B **소리 없는 영웅들(Silent Heroes):** 히틀러 암살과 나치 정권 전복시도에 참여했던 사람들
C **「소리 없는 영웅들」 전시:** 나치 독재시기에 박해받던 유대인을 지원했던 사람들을 '침묵의 영웅'으로 명명하고 추모하는 전시. 1941년 가을부터 유대인을 게토나 절멸수용소로 대량 이송한 이후 유대인 1만~1만2천 명이 숨어 피하려고 했는데, 독일 지역에서 수만 명이 이들을 도운 결과 유대인 5천 명(베를린 1천7백 명 이상)이 살아남을 수 있었다.

Mario Coppi

4

프라하

유대인은 10세기에 처음으로 보헤미아Bohemia와 모라비아Moravia에 정착하였고, 많은 도시에서 유대인 커뮤니티가 번창하였는데, 그중 가장 유명한 곳이 바로 프라하였다. 그러나 15세기 종교적 긴장이 높아지면서, 유대인은 도시의 중심지에서 추방되었다. 16세기 합스부르크Habsburg 왕가의 통치 이후부터 19세기 중반 시민평등권이 인정될 때까지 체코 유대인의 삶은 독일·오스트리아와 유사한 방식으로 변화하며 비슷한 수준으로 동화되었다.

체코의 수도 프라하는 중세시대부터 유대인의 중심지로서 명성을 이어 왔다. 1740년대 일시적으로 유대인을 추방하기도 했지만, 여전히 중부 유럽에서는 유대인에게 안정적이고 우호적인 도시였다. 프라하에서 유대인의 거주는 19세기 중반까지 전통적인 유대인 지구Jewish Quarter로 제한되었다. 1930년 인구조사에 따르면, 보헤미아 및 모라비아 유대인의 거의 절반은 프라하에 살았다. 나치 독일이 점령하기 전, 제3제국으로부터 피난 온 1만 명을 포함하여 프라하에 거주하는 유대인은 5만6천여 명에 달했다.

1939년 3월 15일 나치가 도착했을 때 빈Wien처럼 즉시 포그롬이 동반되지는 않았지만, 게슈타포가 기획한 전시 「인류의 적으로서 유대인The Jews as the Enemy of Humanity」이 개최되고 1939년 7월 게슈타포 중앙사무소Zentralstelle가 창설되면서, 유대인 커뮤니티는 박해를 받게 되었다. 미처 이민을 가지 못한 프라하 유대인의 대다수는 보호국에 부과되는 일련의 높아진 규제를 받게 되었다. 아이히만은 프라하의 거리를 다니며 유대인을 위협했으며, 매일 300명을 다하우 수용소로 보냈다. 1941년 10월 16일 우츠로 가는 이송을 시작으로 4만6천여 명의 유대인들이 프라하에서 테레진이나 동쪽 게토로 이송되었고, 그들의 대부분은 살아남지 못했다. 1942년 5월 영국에서 훈련받은 체코슬로바키아 군인들이 낙하산을 타고 들어가 하이드리히를 암살하면서, 나치는 보

N
하천
도로
공원 및 녹지
철로
리에게로비 공원
Riegerovy Park
프라하 기념의 장소와 메모리얼
프라하 중앙역
Prague Central Station
국립박물관
Prague National Museum
화약탑
Powder Tower
알폰스 무하 박물관
Alfons Mucha Museum
프란티슈칸스카 정원
Frantiskanska Garden
얀 후스 동상
Statue of Jan Hus
구시가지 광장
Old Town Square
천문시계탑
Prague Astronomical Clock
까렐 광장
Charles Square
스타로노바 유대교회당
Staronova Synagogue
핀카스 유대교회당
Pinkas Synagogue
유대인 묘지
Old Jewish Cemetry
클라우센 유대교회당
Klausen Synagogue
성 키릴과 메토디우스 교회
Saints Cyril and Methodius Cathedral
하이드리히 암살 영웅을 위한 국립 메모리얼
National Memorial to the Heroes of the Heydrich Terror
국립극장
National Theater
슬로반스키 섬
Slovansky Island
까렐교
Charles Bridge
프란츠 카프카 박물관
Franze Kafka Museum
스트렐레츠키 섬
Strelecky Island
데트스키 섬
Detsky Island
캄파 공원
Kampa Park
프라하성
Prague Castle
공산주의 희생자 추모비
Memorial to the Victims of Communism
0
100
300
500m
페트진 공원
Petrin Park

복으로 프라하 시민을 학살하였으며, 유대인도 많은 희생자가 발생하였다.

전쟁 후 생존자가 귀환하고 체코슬로바키아의 다른 지역에서 온 사람을 포함하여 프라하의 유대인 인구는 1만 명 이상이 되었지만, 1950년대 초기 공산당에 가입한 반유대주의자들에 의해 홀로코스트를 기념하는 것이 금지되었으며, 스탈린의 지배를 받는 시기에도 반유대주의 정서는 계속되었다. 1960년대 들어와 이러한 분위기는 다소 완화하였지만, 1967년 '6일 전쟁'과 1968년 '프라하의 봄' 민주자유화운동이 무산된 후, 반유대주의가 다시 등장하였다. 1989년 이후에는 상황이 바뀌어, 유대인이 남긴 유산을 보는 여행지로서 부각되고 있다.[53]

유대인 묘지(Jewish Cemetery)

스타로노바 유대교회당(Staronova Synagogue): 유럽에서 가장 오래된 유대교회

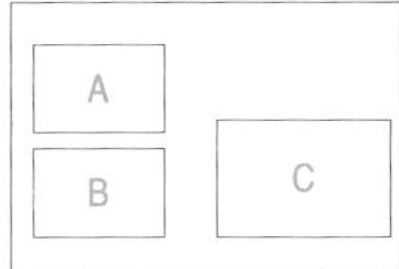

A 마이젤 유대교회당(Maisel Synagogue)
B 핀카스 유대교회당(Pinkas Synagogue)
C 클라우센 유대교회당(Klausen Synagogue)

하이드리히 암살 영웅을 위한 국립 메모리얼

National Memorial to the Heroes of the Heydrich Terror
Národní památník hrdinů heydrichiády

위치: Resslova 9a, 120 00 Nové Město, Czech Republic

반파시스트 저항운동을 억누르기 위해, 비밀경찰 나치 친위대 상급집단지도자(Obergruppenführer) 라인하르트 하이드리히가 1941년 9월 대리 총독으로 임명되었다. 그는 짧은 통치 기간 중 5천 명의 반파시스트 투쟁가들과 조력자들을 투옥하였고 재판에 회부하였으며, 심지어 국가 전역에 공포심을 주기 위해 재판 이전에 사형을 집행하기도 하였다.
제2차 세계대전 중 런던에 있는 체코 망명정부와 영국군은 공동으로 하이드리히를 암살하기 위한 '안드로포이드(Anthropoid)' 작전을 추진하였다. 요제프 가브치크(Jozef Gabčík) 준위와 얀 쿠비시(Jan Kubiš) 준위가 체코에 공중으로 침투하여, 1942년 5월 27일 하이드리히에게 치명상을 입히고 6월 4일 죽게 하였다. 그 후 가브치크 일행은 성 키릴과 메토디우스 교회(Saints Cyril and Methodius Cathedral)에 숨었으나, 은신처가 발각되어 6월 18일 새벽부터 독일군 공격에 치열하게 저항하다가 교회 지하에서 자살하였다. 하이드리히 암살 사건으로 히틀러는 수많은 체코인을 사살하고 체포된 사람을 마우트하우젠-구젠(Mauthausen-Gusen) 수용소 등으로 이송하였으며, 1942년 6월 9일 프라하 북서쪽 리디체 마을의 주민을 학살하기도 하였다. 체코 망명정부는 안드로포이드 작전의 성공으로 수많은 동포를 잃었지만, 전후(戰後) 수데텐란트(Sudetenland) 지역을 체코슬로바키아로 복귀시키고 독일인을 이 지역에서 추방하는 성과를 얻었다.

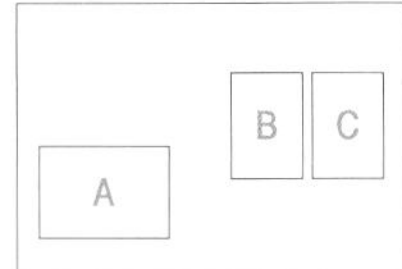

A 성 키릴과 메토디우스 교회의 전경
B 성 키릴과 메토디우스 교회 지하묘지에 있는 가브치크와 쿠비시 추모 흉상
C 당시 치열했던 전투의 총탄 흔적이 남은 벽

5

테레진

18세기 말, 라베Labe강과 오흐레Ohře강이 합류하는 지점에 신성로마제국의 황제 요제프 2세가 어머니인 선황후 마리아 테레사Maria Theresa에 대한 존경의 뜻으로 '테레진Terezin'으로 이름 붙여 건설한 성채로, 가로를 격자로 배열하고 높은 벽을 둘러친 요새화한 작은 도시였다. 합스부르크제국과 프로이센 간 전쟁에서 전략적으로 중요하여 19세기 초반부터 군인이 주둔하고 있었으며, 1930년대에는 7,000여 명의 주민들이 살았는데 그중 절반은 군인들이었다.

1941년 말부터 이 작은 도시는 보호령保護領인 보헤미아와 모라비아지역 출신의 유대인들을 위한 게토로 사용되었다. 1941년 늦게 테레진은 나치에 의해 '게토 테레지엥슈타트Ghetto Theresienstadt'라 불리는 유대인 수용자를 위한 게토인 동시에 임시수용소 역할을 하였으며, 1940년부터는 동쪽에 있는 스몰포트레스Small Fortress를 게슈타포 감옥으로 사용하였다.

1942년 1월 20일 반제회의에서 '최종적 해결final solution'의 실행방법에 대해 논의한 결과, 나치는 테레진을 주로 커뮤니티 지도자, 원로, 제1차 세계대전 참전군인 등 제3제국의 65세가 넘는 유대인 특정 그룹을 위한 게토Ghetto for the old로 지정하고, 평화로운 상태에서 생활하는 것처럼 보이도록 하였다. 그러나 이것은 나치 정책의 진실을 숨기기 위한 것이었다.

나치 독일의 점령 하에 피보호국인 보헤미아와 모라비아에서 약 7만4천 명, 1942년 독일 약 4만2천 명, 오스트리아 1만5천 명 이상, 1943년 네덜란드 약 5천 명, 덴마크 466명 등 많은 유대인이 이곳으로 이송되었으며, 이후 대부분 아우슈비츠 등 강제수용소로 이송되어 학살되었다.

유대인장로평의회 의장인 야곱 에델스테인Jacob Edelstein을 포함한 유대인 지도자들

테레진 기념의 장소와 메모리얼

1. Town Hall, Post Office
2. Ghetto Museum
3. Park of the Terezin Children
4. Jewish Prayer Room and Attic
5. Entranchment
6. Artillery Barracks
7. Memorial on the Bank of the Ohře River
8. Resurrection of Our Lord Church
9. Cavalry Barracks
10. National Cemetery
11. Small Fortress
12. National Museum - Storage
13. Terezin Memorial Magdeburg Barracks
14. Cavalier 2
15. Rail Tracks used for Transports from Terezin to the East
16. Ceremonial Halls, the Central Morgue of the Ghetto, Columbarium
17. Cemetery of Soviet Soldiers
18. Jewish Cemetery
19. Crematorium
20. National Obelisk
21. Pioneer Park
22. Jiraska Park
23. ČSA Square
24. Smetana Park
25. Hallway Park

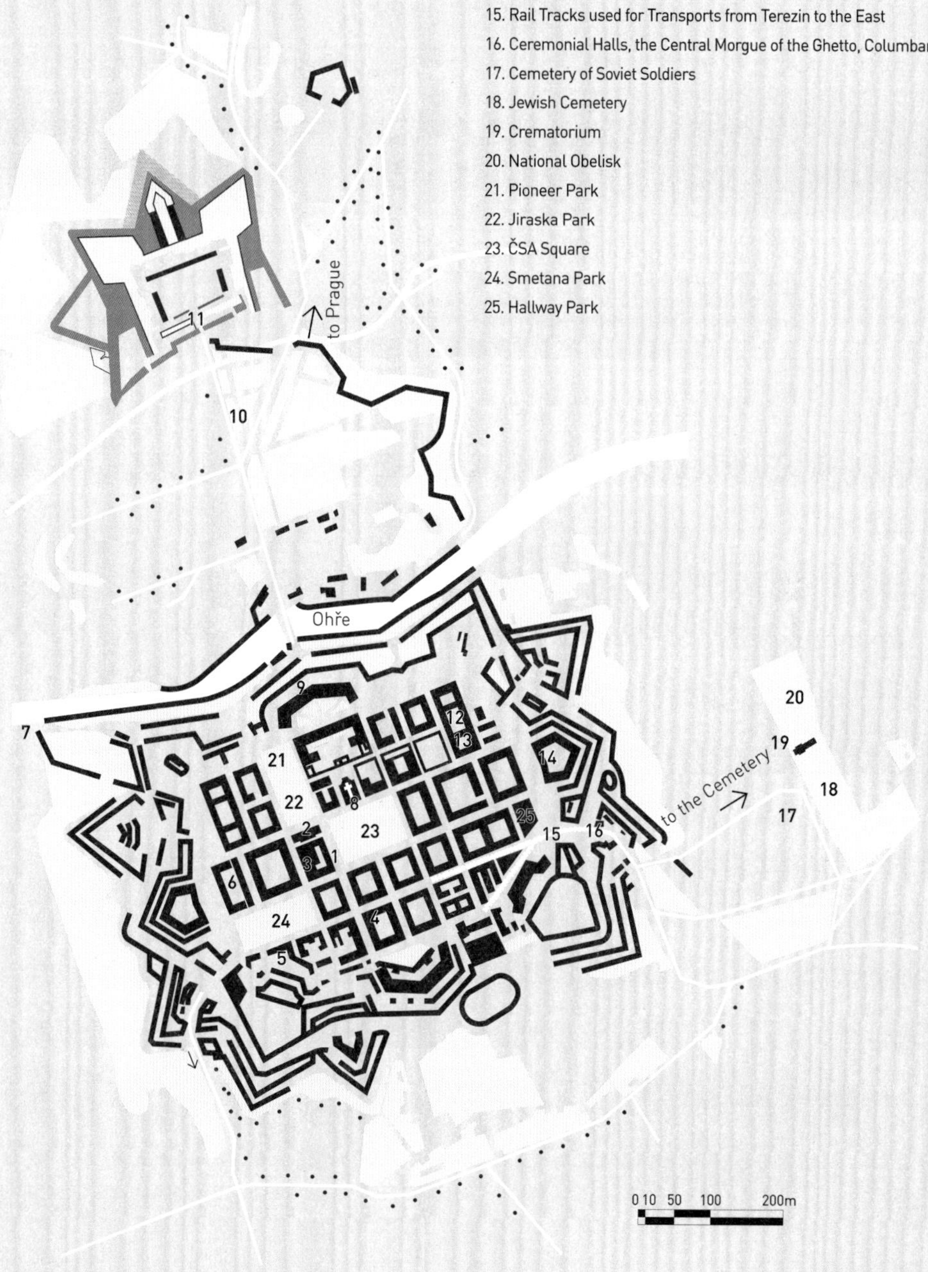

은 게토에서 생산적인 노동을 하면 이송을 피할 수 있다고 믿었다. 하지만 그런 생각은 곧 사라졌고, 더욱 많은 이송자 명단을 작성해야 하는 고통스러운 선택에 마주하게 되었다.

나치 독일은 이곳을 시설이 좋은 수용소라고 선전하는 영화를 찍어 적십자사에 보내는 등 여론을 호도하기도 했다. 세계가 점차 홀로코스트에 대하여 알기 시작하면서 유대인 학대 정책에 대한 논란과 항의가 계속되어 세계 여론이 들끓자, 나치는 국제적십자사의 조사를 받아 소문을 차단하고자 게토를 개방하였다. 이를 위해 나치는 1944년 4월부터 건물을 청소하고 새로운 시설을 만들며 오락 행사를 기획하였으며, 6월 23일 방문한 국제적십자사 팀은 이에 속아 긍정적 보고서를 작성하였다. 이후 나치는 다시 이송을 시작했으며, 1944년 9월과 10월에 1만8천 명이 아우슈비츠로 보내지기도 하였다.

비르케나우에서 대량학살이 중단되면서, 테레진은 공공수용시설로 역할이 변화하였다. 1945년 전쟁의 마지막 달에는 헝가리·슬로바키아에서 온 유대인과 청산된 강제수용소에서 이송되어 온 유대인을 수용하였다. 힘러는 미국과 평화협상을 위해 그해 3월부터 게토를 미화하는 프로그램을 시작하였으나, 4월 6일 국제적십자사 조사에서 긍정적이지 않은 결과가 나왔다. 게다가 이곳에서 티푸스가 창궐하였으나, 나치는 적절한 대응조치를 하지 못하였다. 5월 5일 나치 친위대SS: Schutzstaffel[54]가 테레진을 포기하고 달아난 후, 주민들과 함께 의료진이 환자들을 치료하기 위한 구조작전을 전개하였다. 5월 8일 저녁, 처음으로 소련군 전투차량이 테레진으로 들어오고 5월 10일 도시는 붉은 군대Red Army[55]에 인계되었으며, 이어 11일에는 붉은 군대 의료부대가 티푸스 치료를 위해 도착했다.

테레진 게토가 운영되는 동안 15만5천 명이 이곳을 거쳐 갔으며, 3만5천 명 이상이 여기서 죽고 8만7천 명은 절멸수용소로 보내졌으며, 전쟁이 끝났을 때 이곳에는 1,900명만 생존해 있었다. 전쟁 후 테레진은 체코슬로바키아의 작고 초라한 요새 도시로서 시간이 멈춘 듯 변화가 적으며, 게토의 건물과 가로, 역사적 유물이 잘 보전되어 있다.[56, 57, 58, 59, 60]

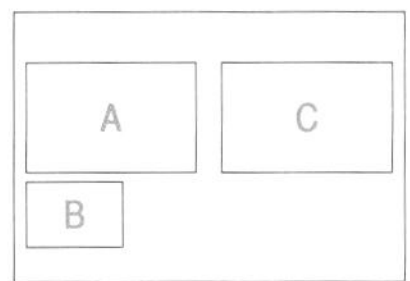

A **강제수용소로 이송되는 철로**
B **테레진 요새의 해자**
C **유대인 이송을 묘사한 릴리프(relief):** 테레진 철로 옆에 설치된 브레티슬라브 벤다(Bretislav Benda)의 작품으로, 집을 떠나 이송되는 장면을 묘사하였다.

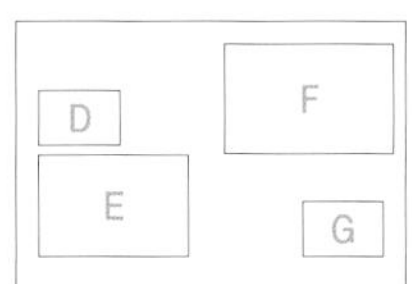

D **의식의 방(Ceremonial Room):** 게토 영안실에 들어가기 전 마지막 의식을 치르는 곳

E **중심 게토 영안실(Central Ghetto Morgue)**

F **중심 게토 영안실 내 유대인의 관이 놓인 부분**

G **유골안치소(Ghetto Columbarium):** 1942년 게토에서 죽은 사람들의 유해를 보관하기 위해 조성

H	J
I	

H **유대인묘지 화장장:** 나치 친위대 사령관의 지시에 따라 게토 수감자들이 건설하였으며, 1942년 10월부터 가동을 시작하였다. 테레진은 게토에서 죽은 사람뿐만 아니라 스몰 포트레스 경찰감옥에서 죽은 수감자와 리토므녜리체(Litoměřice) 강제수용소에서 온 시신도 처리하였다. 1942년부터 1945년까지 희생자 약 3만 명을 화장하였으며, 국제적십자사 조사방문 때는 가동이 중단되기도 하였다.

I **유대인묘지 화장장 내부:** 입구에는 1991년 전 이스라엘 대통령 하임 헤르조그(Chaim Herzog)[61]가 설치한 기념석이 세워져 있으며, 화장장에는 게토에서의 죽음과 매장에 관한 사진이 전시되고 있다.

J **테레진 유대인묘지(Terezin Jewish Cemetery):** 전쟁 전에는 주둔군 묘지로 사용되었지만, 유대인 묘지로 바뀌었다. 메노라(menorah)[62]가 있어 유대인 묘지임을 잘 나타내며, 매년 고문당하고 희생된 유대인 수감자를 기리는 추모 행사가 개최된다.

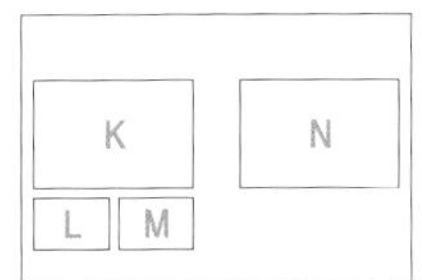

K **테레진 어린이의 나무:** 게토에 수감된 어린이들이 심고 관리한 작은 단풍나무를 전쟁이 끝난 뒤 유대인 묘지로 이식하였다. 나무가 죽어서 지금은 죽은 나무를 전시하고 있다.

L **테레진의 유대인 희생자를 위한 첫 모뉴먼트:** 1955년 체코슬로바키아 유대인 종교 커뮤니티에 의해 유대인묘지에 세워졌다.

M **화장장 옆에 세워진 작은 모뉴먼트:** 유럽 동부의 수용소로 이송되어 죽은 희생자를 추모하기 위해 세워졌다.

N **국가의 길에 놓인 오벨리스크:** 오른쪽에는 테레진에서 고통을 당하고 죽은 희생자의 국가 이름을 적은 13개의 오벨리스크가 있다.

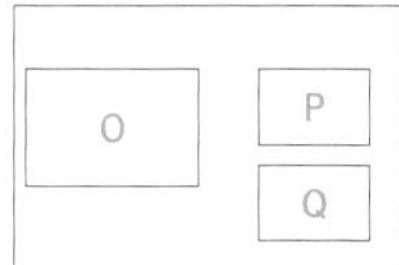

O **테레진 해방 당시 티푸스와 싸우다 죽은 붉은 군대의 병사 49인의 묘지**

P **어린이놀이터 겸 공원:** 나치가 선전용 영화를 만들 때만 출입이 허용되었다. 미화운동 때 어린이놀이터가 만들어졌으며, 1950년 붉은 군대에 의해 모뉴먼트가 세워졌다.

Q **게토 희생자 유해 모뉴먼트:** 1944년 11월 나치 친위대의 지시로 게토 화장장에 있는 약 2만2천 명의 희생자 유해가 오흐레강에 뿌려진 곳이다. 슬픈 모습의 여인이 작은 항아리를 들고 있는 조각상과 유해를 뿌리기 위해 강으로 접근하는 계단이 만들어져 있다.

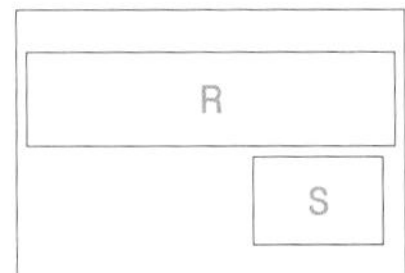

R **마르크플라츠(Marktplatz)에서 남쪽과 서쪽 방향으로 바라본 모습:** 우측에서부터, 유대인 게토 경비병숙소와 노인 유대인병원(현재 종합병원) 및 나치 친위대 사령관숙소가 있었다. 지금도 당시의 건축물과 가로가 그대로 유지되고 있어 시간이 멈춘 도시 같다.

S **타운홀(수용자숙소):** 마르크플라츠 북측에 위치하며, 수용자숙소로 사용되었다. 우측에는 어린이수용소가 있었다. 타운홀은 현재 테레진 메모리얼 게토 박물관으로 사용되고 있으며, 내부에는 해방 후 붉은 군대의 본부로서 티푸스와 싸운 소련군 노력에 대한 찬사가 적혀 있다. 좌측은 우체국으로 사용 중이며, 건물 뒤편에는 지금도 어린이놀이터가 있다.

1 _ 게토의 형성과 유대인의 삶

36. 나치는 유대인 평의회에 이송자 명단을 제출하는 임무를 부여하였다. 일부 지도자들은 사형 이상의 범죄를 저지르지 않은 한, 누구도 넘기지 말아야 한다고 주장하였다. 이송자 명단 작성을 거부한 요제프 파르나스(Joseph Parnas)는 총살되었으며, 바르샤바의 아담 체르니아쿠프는 마지막으로 게토가 청산되어 그가 더는 무엇이든 할 수 없을 때 자살했다. 한편, 하임 룸코프스키(Chaim Rumkowski)는 나치를 위해 활동하여 일부가 살아남을 수 있다면, 다른 유대인들의 희생은 불가피하다고 주장하기도 하였다.

37. Martin Winstone, 앞의 책, 2015, pp.1~12.

2 _ 바르샤바

38. 홀로코스트 동안 학살위기에 처한 유대인을 구하기 위해 위험을 무릅썼던 인물에게 붙이는 칭호.

39. 야드바셈 세계 홀로코스트 기념센터(YAD VASHEM – the World Holocaust Remembrance Center)에 따르면, 2019년 1월 1일 기준으로 의인상의 수는 총 27,362명이다. 이 중 폴란드가 6,992명, 네덜란드는 5,778명으로, 전 세계에서 폴란드가 가장 많은 숫자를 기록하고 있다. (https://www.yadvashem.org)

40. James E. Young (ed.), 앞의 책, 1994, pp.121~128: Konstanty Gebert, "The Dialectics of Memory in Poland: Holocaust Memorials in Warsaw."

41. 당시 바르샤바는 뉴욕을 제외하고는 세계에서 가장 많은 유대인이 살았다. 문학가 아이작 리브 페레츠(Isaac Leib Peretz)와 소설가 아이작 싱어(Isaac Bashevis Singer)의 고향이었으며, 유대인사회주의당(the Bund)의 중심지였다.

42. Martin Winstone, 앞의 책, 2015, pp.209~216.

43. POLIN Museum of the History of Polish Jews, *73rd Anniversary of the Warsaw Ghetto Uprising*(브로슈어), 2016.

44. 폴란드는 제2차 세계대전 중 나치에 가장 치열한 저항운동을 펼쳤다. 나치가 점령한 유럽에서 일어난 가장 큰 저항운동인 바르샤바 봉기는 1944년 8월 1일부터 폴란드 저항군 4만여 명이 독일군에 맞섰다가 진압된 사건으로, 두 달여(63일) 간 계속되어 저항군 1만8천 명과 민간인 18만 명이 죽었다.

45. POLIN Museum of the History of Polish Jews, 앞의 책. 2016; 1943년 5월 8일 밀라(Mila) 가로의 벙커에서, 독일군에 포위되었던 게토 봉기 최고사령관인 모르데차이 아니엘레비치가 유대인전투조직 요원들과 함께 자살하였다. 이때 마렉 에델만을 포함한 오직 몇 명의 봉기자들만이 하수구를 통해 게토를 빠져나올 수 있었다.

46. 1942년 2월에 창설된 폴란드 내무군 'Home Army'[폴란드어로 Armia Krajowa(AK)]는 폴란드 망명정부와 힘을 합쳐 '폴란드 지하정부(Polish Underground State)'로 알려진 무장조직을 구성하였다. 1944년 약 40만 명으로 추정되는 규모로 확대되어, 제2차 세계대전 동안 유럽에서 가장 큰 저항조직이었다. 이 조직은 소련에 있는 동부전선으로 이송에 저항하였고, 독일에 대항하여 전면적인 전투를 치르기도 하였으며, 1944년 바르샤바 봉기가 가장 널리 알려져 있다.

3 _ 베를린

47. 1921년 나치 대중 집회의 경호원 모임이 조직화한 단체이다. 반나치 세력에 대한 실력 행사와 나치즘을 선전하는 중심체 역할을 하였고, 당 대회 보호, 나치 대회에서 행진, 정적 공격, 유대인 폭행 등을 하였으며, 지나치게 과격하여 문제가 되었다.

48. 동·서독 통일 이후 소비에트 연방 국가로부터 이민이 늘어났으며, 독일 유대인 인구는 1980년 34,500명에서 2018년 116,000명으로 크게 증가하여, 독일이 유럽에서 유대인들을 위한 거주지로서 다시 자리 잡기 시작하였다. [Arnold Dashefsky, Sergio DellaPergola and Ira Sheskin (eds.), *World Jewish Population, 2018*, Berman Jewish DataBank, 2018, p.23]

49. 1930년 바이마르공화국 루트비히스하펜암라인(Ludwigshafen am Rhein)에서 태어나, 보수적인 로마가톨릭 집안에서 성장하였다. 일찍이 정치에 관심을 두고 1946년 독일기독교민주동맹(기민당: CDU)에 입당하고 정치적 성장을 거듭하여 1973년 기민당 총재로 선출되었으며, 1982년 서독의 제6대 총리에 취임하였다. 1984년 9월 제1차 세계대전 중 프랑스와 치열한 공방전을 벌였던 베르됭(Verdun)에서, 프랑수아 미테랑(Francois Mitterrand) 프랑스 대통령과 만나 양국 간의 오랜 앙금을 해소하고 화해하여 유럽 통합의 초석을 마련하였다. 1987년 1월 3차 연임에 성공하면서 9월에는 동독의 지도자 에리히 호네커(Erich Honecker)를 초청하여 동·서독 협조 관계를 조성하였다. 1989년 11월 9일 베를린 장벽이 붕괴되자 10단계 통일 방안을 제안하였고, 정치적 지도력을 발휘하여 독일의 재통일을 이루었으며, 1990년 12월에는 통일 독일의 첫 총리가 되었다. 1998년까지 16년간 총리직에 재임하면서 '독일 통일의 아버지'로 불리고 유럽연합(EU)의 출범에 공헌하였으며, 20세기 세계 정치사에 뚜렷한 발자취를 남기었다.

50. 제2차 세계대전 중 히틀러와 나치 지휘관에 의해 동부전선 군사본부로 사용되었다.

51. 상설전시의 내용은 나치가 집권하기 이전부터 나치의 위험성을 경고하며 국가사회주의에 대한 저항을 소개하고, 노동자·기독교인·예술인·지식인·젊은이·유대인·집시 등 다양한 그룹에 의한 저항운동을 상세히 설명하고 있다.

52. Ute Stiepani and Johannes Tuchel, *Resistance Memorial Center: Permanent Exhibition "Resistance against National Socialism,"* Berlin: German Resistance Memorial Center

Foundation, 2014, pp.7~8.

4 _ 프라하

53. Martin Winstone, 앞의 책, 2015, pp.155~161.

5 _ 테레진

54. 나치 친위대 슈츠슈타펠(Schutzstaffel)은 나치 독일에 있었던 준(準)군사조직으로, 1925년 히틀러를 포함하는 나치 지도부를 경호하는 조직으로 출발하였으나 1929년 하인리히 힘러가 친위대장이 되면서 나치의 정예부대로 막강한 조직이 되었다. 나치 독일의 점령지역에서 정보 수집, 요주의 인물 감시 및 수용을 하였으며, 강제수용소를 친위대 산하에 두고 유대인 대량 학살 등 잔혹 행위에 깊게 관여하였다. 제2차 세계대전 후 뉘른베르크 전범 재판에서 범죄 조직으로 선고되었다.

55. 노동자 및 농민의 붉은 군대(Workers' and Peasants' Red Army)를 약칭하여 '붉은 군대'로 부른다. 1917년 10월 볼셰비키 혁명(Bolshevik Revolution) 직후 설립되었으며, 제2차 세계대전 중 유럽의 동부 전선에서 연합군 승리에 크게 기여하였고 나치 독일의 수도 베를린을 함락시키는 데 주도적 역할을 하였다. 1946년 2월 소련군으로 개칭되었다.

56. Martin Winstone, 앞의 책, 2015, pp.155~161.

57. Terezin Memorial, *Small Fortress Terezin*(브로슈어), 2019.

58. Ludmila Chládková, *The Terezin Ghetto*, Praha: Jitka Kejřová, V Ráji, 2016.

59. Vojtěch Blodig, Ludmila Chládková and Miroslava Langhamerová, *Places of Suffering and Braveness: The facilities of Nazi Repression in Terezin and Litomerice*, Praha: Jitka Kejřová, V Ráji, 2018.

60. 볼프강 벤츠, 앞의 책, 2002, pp.46~47.

61. 하임 헤르조그는 아일랜드에서 태어난 유대인으로, 제2차 세계대전에서 영국군으로 노르망디 작전에 참전하였다. 시오니즘(Zionism)을 열렬히 옹호하였고, 독립된 유대인 국가 이스라엘을 설립하고 지키는 데 노력하였으며, 1983~1993년까지 이스라엘의 대통령을 지냈다.

62. 고대 예루살렘의 유대 사원에서 사용되던, 유대교 제식(祭式)에 쓰이는 일곱 갈래의 촛대이다. 유대교 및 이스라엘에서 도상학(圖像學)적으로 중요한 상징적 의미를 갖고 있기 때문에, 이스라엘 문장(紋章)과 유대교회당에는 메노라가 그려져 있다. 테레진 묘지, 마이다네크 수용소 메모리얼, 트레블링카 수용소 메모리얼에서도 유대인의 상징으로 사용되고 있다.

3편

강제수용소 메모리얼

1

강제수용소의 설립과 변화

제2차 세계대전 중 강제수용소는 가장 많은 희생자를 낸 곳으로, 심리적으로 홀로코스트와 동의어로 인식되기도 한다. 유럽에 만들어진 수용소 유적은 수천 곳에 달하며, 150곳이 넘는 집단수용소 메모리얼이 있다. 나치는 목적과 기능에 따라 강제수용소concentration camp, 절멸수용소extermination camp, 보조수용소 등 여러 유형의 수용소를 운영하였다.[63]

국가사회주의[64] 체제에서, 나치는 처음에 나치 정권의 눈엣가시와 같은 정치적 반대자와 공산주의자 등 체제를 전복할 우려가 있는 사람을 투옥하고 처벌하기 위해 수용소를 만들었다. 다하우 수용소와 작센하우젠 수용소가 그 대표적 시설이었다. 유대인들은 전쟁이 일어나기 전까지 수감자의 소수 집단에 불과하였다. 초기 수감자들은 인종보다는 정치적 신념 때문에 수감되었다. 많은 유대인은 1930년대 후반에 수감되었는데, 특히 1938년 발생한 '수정의 밤' 사건으로 유대인 수감자가 크게 증가하였으며, 대부분 제3제국을 떠난다는 조건 아래 석방되었다. 1930년대 후반부터 수용소는 성격이 변하기 시작했으며, 죄수들은 점차적으로 나치 친위대가 소유하거나 관계된 기업을 위한 노예 노동력으로 이용되었다. 나치는 전쟁무기를 생산하기 위하여 죄수들의 노동력을 착취하였다.

제2차 세계대전이 일어난 후 나치는 폴란드 등 점령국가에 강제수용소를 확대하여 건설하였다. 독일이 점령한 폴란드의 총독부Generalgouvernement; General Government[65] 지역에서 '라인하르트 작전'을 수행하기 위해, 아우슈비츠 수용소와 마이다네크 수용소 등 6곳의 절멸수용소[66]가 만들어졌다. 이 가운데 베우제츠 수용소, 소비보르 수용소, 트레블링카 수용소, 헤움노 수용소는 학살만을 목적으로 건설되었고, 이곳에서 많은 수의 유대인, 집시, 장애인들이 끔찍하게 살해되었다. 벨라루스에도 동일한 목적으로 말리 트로스테네츠Malyy Trostenets 수용소가 만들어졌고, 발칸반도의 야세노바츠Jasenovac 수용소에서는 주로 세르비아 민족이 학살되었다.

붉은 군대가 진격해 오면서, 나치는 수중에 있는 수용소를 줄이기 위해 소련과 폴란드 지역에 있었던 강제수용소를 폐쇄하고, 수십만의 유대인과 다른 수감자들을 가혹한 '죽음의 행진'으로 내몰아 이동시켰다. 이로 인해 많은 사람들이 이동 중 사망하였으며, 수용소는 지나치게 과밀하게 되어 전염병과 굶주림, 그리고 나치 친위대의 야만적 대우로 수만 명이 죽었다. 이것은 베르겐-벨젠, 다하우, 부헨발트 수용소를 해방한 연합군 해방자들이 목격한 참상으로, 영어권에서 '홀로코스트the Holocaust'로 명명되는 중심적인 연상으로 자리 잡았다. 전쟁이 끝난 후, 아우슈비츠와 같이 거의 완전하게 남겨진 곳도 있었지만, 소비보르, 베우제츠, 트레블링카 등 대부분 절멸수용소는 학살의 증거를 숨기기 위해 파괴되었다. 해방된 이후 강제수용소는 연합군이나 붉은 군대의 주둔지로 사용되거나 메모리얼로 전환되었다.[67]

잔혹한 역사의 현장인 강제수용소에 남겨진 가스실, 화장장, 공동묘지 등 유물과 흔적은 홀로코스트의 기억을 생생히 전달하는 매체로서, 희생자를 추모하고 기억할 수 있는 주요한 요소가 되고 있다.

2

강제수용소의 기념적 경관

제2차 세계대전 후 수용소 부지는 서로 다른 경관적 변화를 겪어 왔다. 수용소에는 나치 친위대 건물과 숙소, 경비초소, 수감자 막사, 화장장, 감옥, 철조망, 녹슨 철로, 공동묘지 등을 포함하고 있었는데, 학살의 흔적을 감추기 위해 나치가 의도적으로 파괴하거나, 무관심과 오용으로 인해 역사적 구조물이 훼손되었으며, 주변의 개발에 따라 용도가 바뀌기도 하였다. 심지어 건물과 구조물이 완전히 파괴되었던 베르겐-벨젠, 소비보르, 트레블링카, 헤움노, 야세노바츠와 같은 수용소 부지에서, 역사적 사건은 잊히고 목가적인 전원에 둘러싸인 경관을 형성하기도 하였다. 이런 수용소 경관은 의도적 파괴나 자연 변화에 취약하기 때문에, 상세한 설명이 없다면 방문객은 이들 부지의 역사와 사건을 단편적으로 이해할 수도 있다.

다하우 수용소는 그 시설이 보전되었고, 아우슈비츠Ⅱ-비르케나우 수용소, 작센하우젠 수용소, 부헨발트 수용소, 마이다네크 수용소에서도 화장장과 가스실 등 일부 시설이 파괴되었지만, 수감자 막사와 경비초소 등 시설 대부분이 남아 있어서 수용소 경관을 잘 보여 주고 있다. 더욱이 수용소의 원형prototype이었던 다하우 수용소, 연합군에 의해 최초로 해방되었던 마이다네크 수용소, 가장 많은 희생자가 발생했던 아우슈비츠Ⅱ-비르케나우 수용소, 공산주의 이데올로기를 선전한 부헨발트 수용소는 큰 주목을 받았다. 베르겐-벨젠 수용소는 해방 직후 전염병의 확산을 방지하고자 모든 시설이 파괴되어 황량하게 변했으며, 야세노바츠도 과거의 시설은 거의 남아 있지 않다. 베우제츠 수용소, 소비보르 수용소, 트레블링카 수용소 및 헤움노 수용소에서는 나치가 의도적으로 모든 수용소 시설을 파괴하고, 인공적으로 조림을 하였다.

홀로코스트의 비극을 잘 보여 주는 곳은 역사적 장소로서 강제수용소 부지이다. 이것을 잘 보전하는 것은 기념을 위해 가장 중요한 일이다. 부지의 역사성을 중시하고 공간에 장소적 의미를 부여하는 데 익숙한 조경가에게, 메모리얼에서 나타나는 기념적 경관은 큰 관심 대상이다. 홀로코스트의 기억이 희미해지면서 방치된 채로 시간이 흘러 황폐해지거나, 경관이 변하여 과거의 역사를 숨기기도 하지만, 수용소에 남겨진 역사적 경관은 홀로코스트의 기억을 강하게 불러일으킨다. 메모리얼에서 부지에 대한 기억은 시간과 장소를 통해 연결되는데, 장소는 단순히 보전을 통해서도 강력한 기념성을 지니게 된다. 게다가 가스실, 화장장, 공동묘지 등 메모리얼 부지에 보전된 유적은 홀로코스트의 기억을 생생히 전달하는 중요한 매체이다.

유럽에 있는 강제수용소는 당시 시설과 증거들이 많이 파괴되었고, 전쟁 후 시간의 흐름 속에서 정확한 사실이 묻히기도 하였기 때문에 수용소의 규모 및 역할에 대해서는 전문가들 사이에 이견이 있다. 일반적으로 아우슈비츠, 트레블링카, 베우제츠, 헤움노, 소비보르, 다하우, 베르겐-벨젠, 부헨발트, 라벤스브뤼크, 작센하우젠, 야세노바츠 등을 대표적인 수용소로 제시하고 있는 점[68, 69, 70]을 고려하여, 본서에서는 홀로코스트에서 핵심적인 역할을 하거나, 많은 희생자가 발생한 수용소를 대상으로, 역사적으로 중요하거나 장소적 의미가 있는 기념성이 높은 곳을 소개하고자 한다.[71]

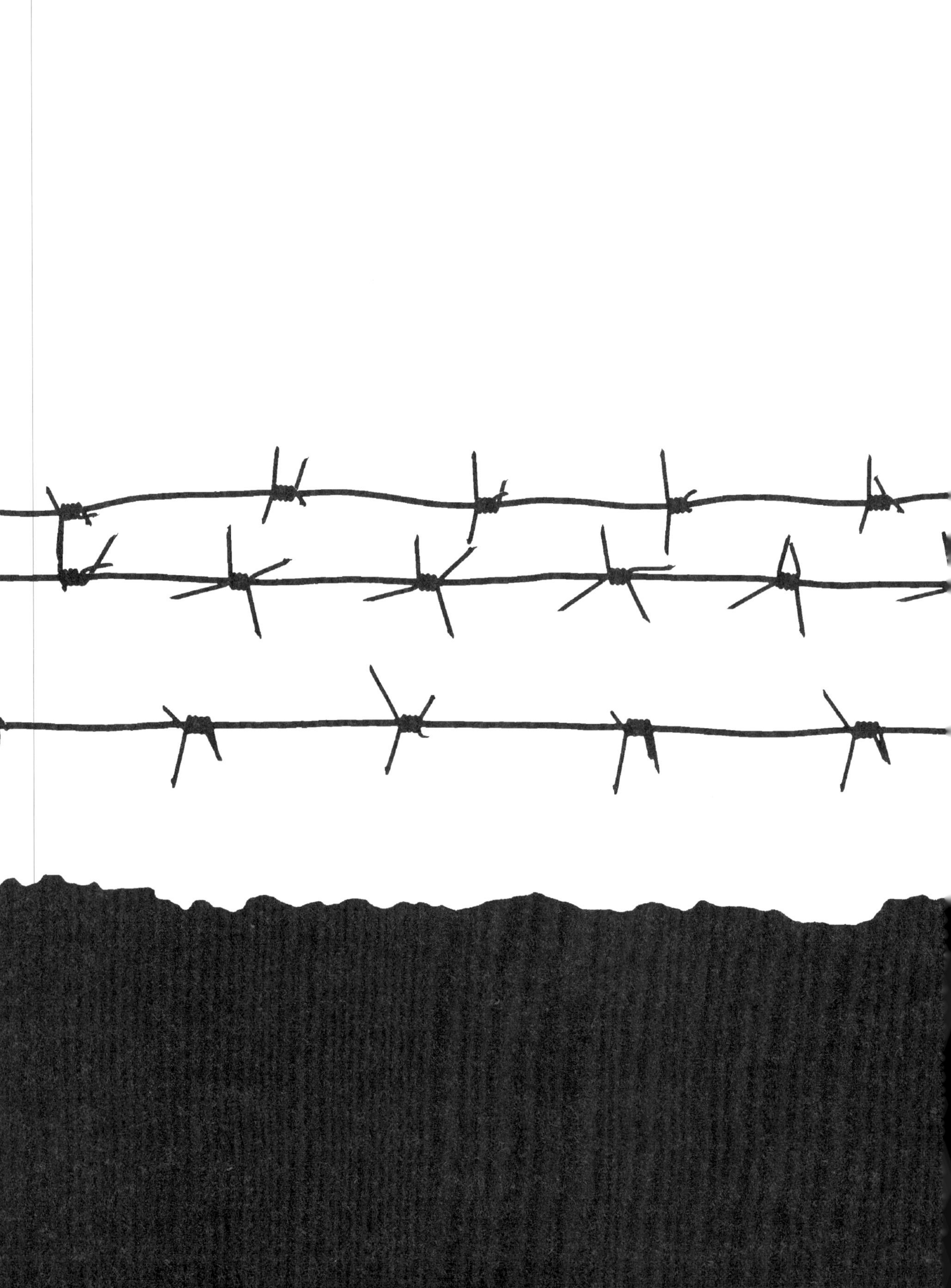

3

독일에 있는 수용소 메모리얼

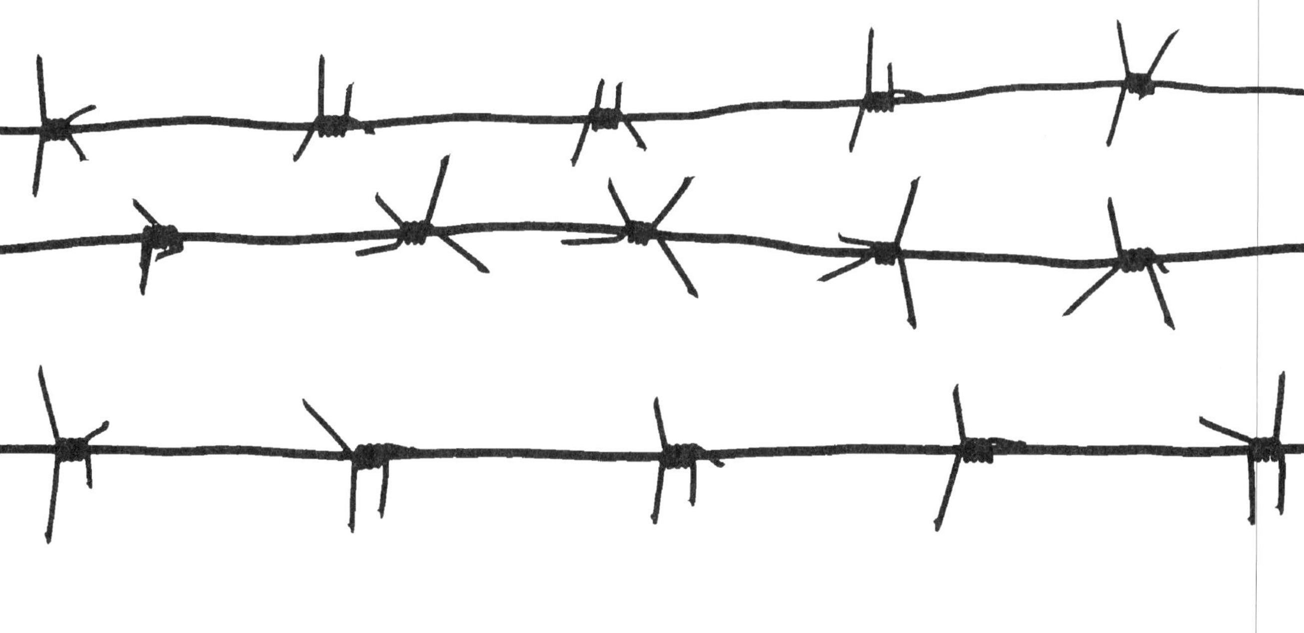

다하우 강제수용소 메모리얼

베르겐-벨젠 강제수용소 메모리얼

작센하우젠 강제수용소 메모리얼

라벤스브뤼크 강제수용소 메모리얼

부헨발트 강제수용소 메모리얼

미텔바우-도라 강제수용소 메모리얼

다하우 강제수용소 메모리얼

Dachau Concentration Camp Memorial Site

KZ-Gedenkstätte Dachau

위치 Alte Römerstraße 75, 85221 Dachau, Germany

홈페이지 https://www.kz-gedenkstaette-dachau.de

다하우 강제수용소는 수용소와 화장터의 두 구역으로 나누어져 있다. 수용소 구역은 방형 부지에 중앙의 축을 중심으로 32개 수감자 막사가 대칭을 이루며, 외곽 쪽은 출입구, 전기철조망, 배수로 및 7곳의 감시탑을 포함하는 담장이 둘러져 있었다. 1945년 4월 29일, 수용소가 미군에 의해 온전한 상태로 해방되었다. 이후 화장장과 막사 등 일부 시설은 파괴되었지만, 전체적인 공간구조를 그대로 유지하여 수용소 경관을 잘 보여 주고 있다. 수용소 가운뎃길 좌우로 수감자들이 심은 포플러가 크게 자라나 있으며, 길옆으로는 사라진 막사 터가 자갈 바닥(bed)으로 표현되어 있다.

독일 뮌헨 북서쪽에 있는 중세풍 마을인 다하우 근처의 군수품 폐공장 부지에 만들어진 다하우 강제수용소는 1933년 3월 22일 나치에 의해 공식적으로 세워진 최초의 강제수용소이자, 제3제국의 수용소 중에서 1945년 4월 해방되기 전까지 가장 오래도록 운영된 곳이다.[72] 수용소 시스템의 대부분은 1933년 6월 수용소 제2대 사령관으로 임명된 테오도르 아이케Theodor Eicke에 의해 만들어졌다. 그는 수감자에게 굴욕을 주고 연대감을 박탈하기 위하여 수용소에 처벌과 규제 시스템을 도입하였다. 그래서 다하우 수용소는 뒤이은 다른 수용소의 모델이 되었으며, 나치 친위대 사령관의 훈련시설로도 사용되었다.

초기에 수감된 사람은 주로 사회민주당원이나 공산주의자였으며, 점차 반사회범과 일반 죄수도 수감되었다. 유대인 수감자는 처음에는 인종보다 정치적인 이유로 체포되었지만, 가장 열악한 대우와 혹독한 감시를 받았다. 나치의 박해는 점차 더욱더 많은 유대인을 향하게 되고, '수정의 밤' 사건이 발생하여 1만 명이 넘는 유대인이 수감되면서 정점에 달하였다. 수감된 유대인 대부분은 이민을 가겠다고 서약한 후에 비로소 석방될 수 있었으며, 남겨진 유대인은 1942년에 폴란드로 이송되었다. 전쟁 동안 다하우 수용소의 주된 수감자는 독일인과 외국인 정치범이었지만, 소비에트 전쟁포로의 처형장으로도 사용되었다. '죽음의 행진' 기간에는 수감자 수가 크게 늘었으며, 열악해진 수용소 환경으로 인하여 굶주림과 전염병 등으로 많은 희생자가 발생했다.

1945년 4월 29일 미군이 이곳에 도착했을 때, 죽은 수감자의 시신이 막사와 열차에 많이 방치되어 있었으며, 심지어는 미군이 수용소를 점령하는 과정에서도 나치에 의한 잔혹한 학살이 발생하여 미군의 분노와 보복을 유발하기도 하였다. 12년 동안 20만 명이 넘는 수감자가 다하우를 거쳐 갔으며, 총 3만1천 명이 죽은 것으로 기록되어 있다. 미국은 1948년 바바리안 주정부Bavarian State Government에 수용소를 이양하기 전까지 이곳을 이전의 나치 세력들을 감금하는 장소로 사용하였다.[73]

해방 직후 다하우 수용소 생존자들은 수감자 유산을 보전하기 위한 메모리얼을 만들고자, 그들의 사업을 후원할 정치인을 찾아 공공에 그 중요성을 알렸다. 서독에서는 1955년 9월에 비준된 파리조약에 따라 다하우 수용소를 포함한 희생자 묘지의 보호를 의무화하였으며, 1960년대 들어서면서 홀로코스트에 대한 사회적 관심이 커졌다. 특별 수감자였던 대주교 요하네스 노위하우슬러Johannes Neuhausler의 노력에 힘입어 다하우 수용소 메모리얼 부지에 천주교 성당이 만들어졌으며, 이어서 가르멜수녀원에서 만든 교회, 유대인 메모리얼, 화해의 개신교 교회Protestant Church of Reconciliation 등 종교적 기념시설이 세워졌다. 1965년 5월 9일에는 다하우 수용소 해방 20주년을 기념하여 유럽 거의 모든 국가의 홀로코스트 생존자가 참석한 가운데 다하우 수용소 메모리얼이 개장되었다. 다하우 수용소 메모리얼이 개장한 이후 10년 동안, 과거 수감되거나 관련된 사람들이 적극적으로 활동에 참여하였다. 주요 방문객인 생존자나 그들의 친척을 포함한 외국인들까지 합쳐서 매년 30만 명 정도가 이곳을 방문하였다. 그럼에도 독일 국민의 관심은 상대적으로 낮았다.[74, 75]

다하우 메모리얼 부지에 대한 상황은 1975~1985년 사이에 크게 바뀌었다. 이 기간 동안 방문객이 3배나 증가하여 매년 1백만 명에 달하게 되었다. 동시에 나치 범죄에 대한 세계적 관심이 커지면서, 많은 나라에서 홀로코스트와 관련된 메모리얼이 만들어지고 연구센터가 세워졌다. 독일의 많은 학교와 젊은이들이 메모리얼을 방문하게 되었고, 생존자들의 이야기에 대한 관심이 크게 증가하였다. 점차 다하우 메모리얼 부지는 생존자의 목소리를 전하고 수감자들의 운명을 직접 들을 수 있는 세대 간 만남의 장이 되었다. 아울러 나치 독재 기간에 잊힌 희생자로서 신티와 로마, 여호와의증인, 동성애자 등에 대한 관심도 커졌다. 수용소가 해방된 지 40년이 지난 1980년대에는 전쟁 말기에 다하우 수용소에 있다가 이스라엘로 이주했던 유대인 생존자들이 처음으로 이곳을 방문하여 독일의 젊은이들과 대화를 시작하였다.

1989년에 독일에서 발생한 정치·사회적 변화는 다하우 메모리얼 부지에 큰 영향을 주었다. 옛 동독 지역에 위치한 수용소 메모리얼 부지에 관한 광범위한 토론과 함께, 국가사회주의자 테러와 관련된 모든 메모리얼 부지에 대한 서독의 책임이 이슈가 되었다. '철의 장막'이 걷히고 난 뒤, 소비에트 연방 국가에 살던 생존자들이 비로소 주목받기 시작했다. 이들은 1945년 독일 수용소에서 소련으로 되돌아간 후 수용소에 갇히거나 강제노동을 당했으며, 의료조치도 받지 못하고 혹독한 빈곤으로 어려움을 겪었다. 그들은 지난 50년간 숨겨진 자신들이 겪은 박해와 추방의 개인적 역사를 되찾기 시작했고, 1990년대에는 그들이 받은 고통에 대한 보상과 도움을 독일연방공화국(통일 독일)에 요청하기도 하였다. 2000년에는 나치시대 강제노동의 희생자로서 주로 동유럽권 생존자를 재정적으로 돕는 재단이 독일 연방정부와 개별 기업에 힘입어 설립되었다. 이때 다하우 메모리얼 부지는 수백 명 청구인들을 위한 만남의 장소가 되기도 하였다.[76]

지금도 다하우 메모리얼 부지는 독일 젊은이들을 포함하여 전 세계로부터 많은 방문객이 찾고 있다. 시간이 흐르면서 역사적 증인이 거의 없어진 지금에는 과거 기억이 다소 흐려질 수 있지만, 역사적 자료와 증언의 양보다 비극적 사건을 통해 교훈을 얻은 사람들의 용기와 확신, 그 기억은 계속해서 남을 것이다.

다하우 강제수용소 메모리얼 평면도

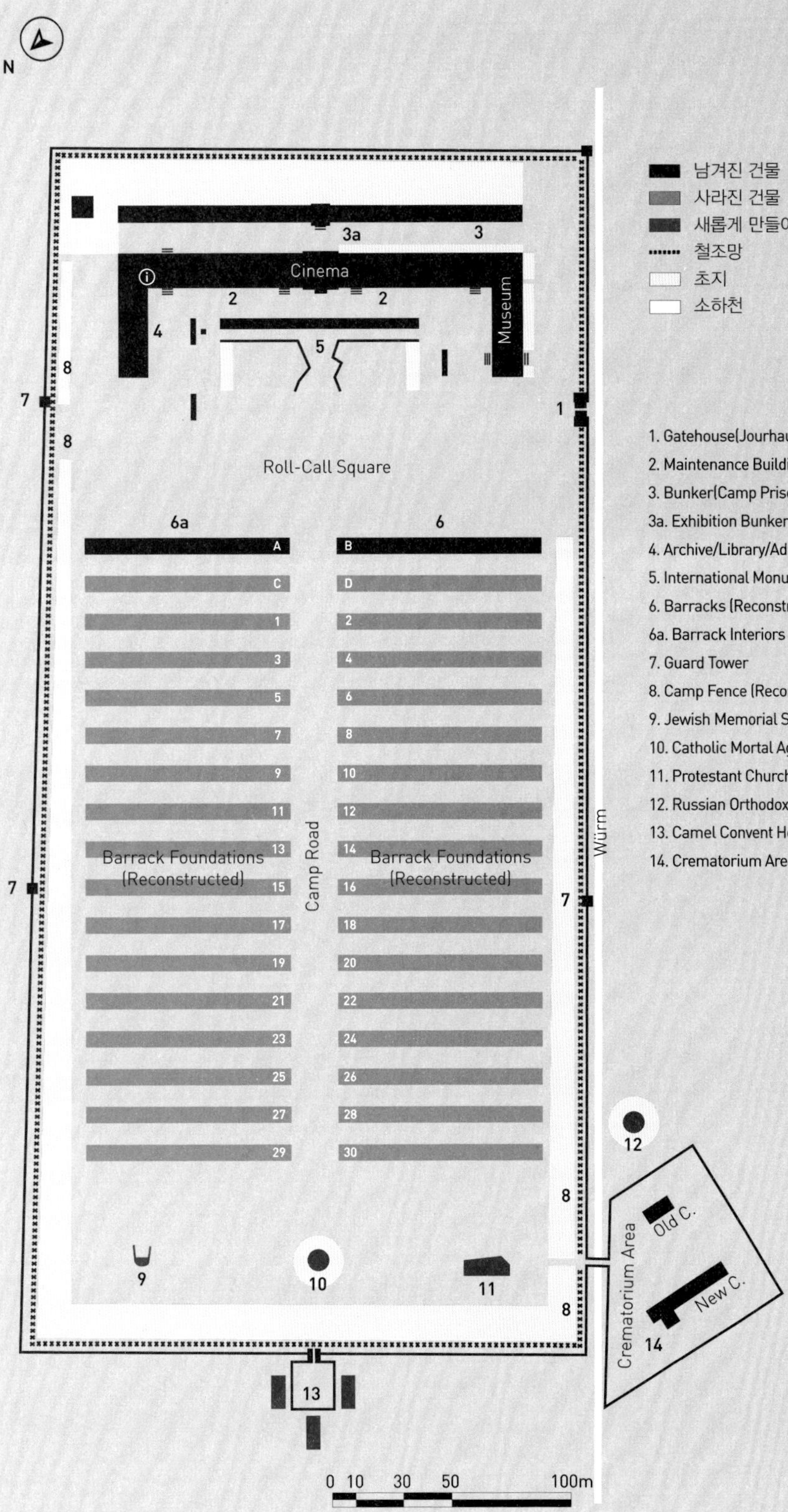

3a 3
Cinema
2 2
Museum
4
5
8
7
1
8
Roll-Call Square
6a 6
Barrack Foundations (Reconstructed)
Camp Road
Barrack Foundations (Reconstructed)
Würm
7
7
12
8
Old C.
Crematorium Area
New C.
14
9
10
11
8
13
0 10 30 50 100m

- 남겨진 건물
- 사라진 건물
- 새롭게 만들어진 시설
- 철조망
- 초지
- 소하천

1. Gatehouse(Jourhaus) with Camp Entrance and Tower A
2. Maintenance Building
3. Bunker(Camp Prison)

3a. Exhibition Bunker

4. Archive/Library/Adminstration
5. International Monument (1967)
6. Barracks (Reconstructed)

6a. Barrack Interiors (1933~45) (Reconstructed)

7. Guard Tower
8. Camp Fence (Reconstructed)
9. Jewish Memorial Site (1967)
10. Catholic Mortal Agony of Christ Chapel (1960)
11. Protestant Church of Reconciliation (1967)
12. Russian Orthodox Church (1995)
13. Camel Convent Holy Blood (1965)
14. Crematorium Area (Old Crematorium & New Crematorium)

KZ-Gedenkstätte Dachau

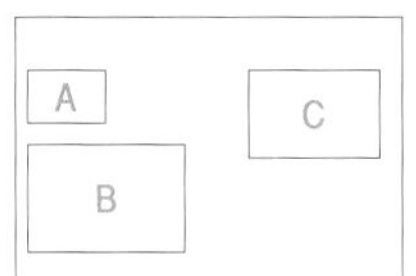

A **수용소 진입 공간**
B **방문객 안내센터**
C **나치 친위대 사무실이자, 수위실로 사용된 건물의 입구:** 내벽 양쪽에 있는 명판은 해방자(liberators) 미군을 기념하기 위한 것이다.

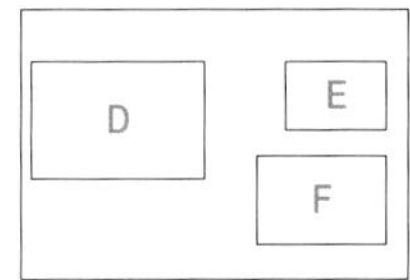

D **기념관:** 수위실 건물 입구로 들어와 오른쪽에 보이는 커다란 관리동은 1937~38년 수감자에 의해 재건축된 것이다. 지금은 수용소의 역사를 안내하는 기념관으로 사용되고 있다.

E **수용소 역사해설을 경청하는 방문객**

F **「비틀린 신체의 메모리얼(Memorial of Contorted Bodies)」:** 관리동 앞 점호광장에 설치된 작품으로, 1968년 국제 모뉴먼트 공모전에서 당선되었다. 아우슈비츠에서 부모가 살해된 유대계 유고슬라비아인 작가 난도르 그리드(Nandor Glid)는 철조망에 걸린 인간의 몸을 상기하는 청동상을 세워 수용소에서 겪었던 잔혹한 삶을 은유적으로 표현하였다. 마주한 벽에는 수감자 범위를 나타내는 다양한 색의 삼각형으로 덮인 사슬 모양의 부조상이 걸려 있다.

1933-1945

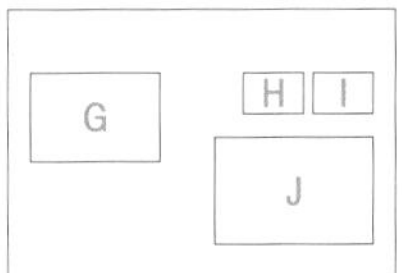

G **관리동과 수감동:** 관리동 뒤편 건물(사진에서 오른쪽)은 관리동과 같은 시기에 건설된 수감동이다. 두 동을 연결하는 동측 벽(사진 가운데 안쪽)은 총살형을 집행하던 곳이다. 수감동 63~65호실은 평범해 보이지만, 1944년에는 수감자들이 72시간 동안 서 있어야 했던 약 2.5ft^2 넓이의 '서 있는 감옥(standing cells)'으로 구획되었다. 동편의 81, 82호실은 1939년 11월 뮌헨에서 히틀러를 암살하려 한 게오르크 엘저(Georg Elser)가 수감되었던 방이다.

H **나치 친위대 사무실 겸 수위실**

I **경비초소**

J **화장장:** 시신 1만1천구가 소각된 작은 화장장은 1940년 여름부터 1943년 4월까지 가동되었다. 시신을 더욱 많이 소각하기 위해 가스실이 있는 더 큰 화장장이 만들어졌는데, 이곳이 사용되었는지는 불명확하다. 미군이 도착했을 때, 건물 오른쪽의 '화장대기 적치장(death chamber II)'에서 3천여 구의 시신이 발견되어 인근 주민들도 그 장면을 보도록 하였다. 건물 뒤편에는 사형장 두 곳과 유해묘지가 자리했으나, 지금은 유대인 희생자를 위한 몇 개의 모뉴먼트가 있는 평화로운 기념정원으로 유지되고 있다.

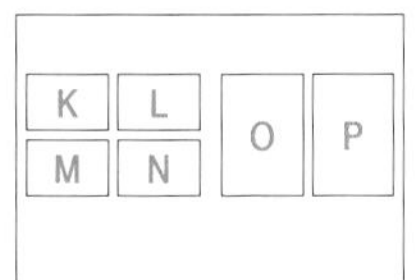

K, L, M, N **종교기념시설:** 유대교·가톨릭·개신교를 상징하는 세 동의 종교적 메모리얼 건물(차례대로 사진 K, L, M)이 나란히 세워져 종교적 포용과 화해를 하는 듯하다. 가르멜수녀원(Carmelite Convent, 사진 N)은 가톨릭교회 뒷문을 통해서 접근할 수 있다.

O **1994년 러시아군에서 세운 러시아정교회 예배당**

P **기념 조각:** "죽은 자에게는 경의를, 산 자에게는 경고를(Den Toten zur Ehr, Den Lebenden zur Mahnung)" 뜻하는 청동 조각상

DEN TOTEN
ZUR EHR
DEN LEBENDEN
ZUR MAHNUNG

베르겐-벨젠 강제수용소 메모리얼

Bergen-Belsen Concentration Camp Memorial

Gedenkstätte Bergen-Belsen

위치 Anne-Frank-Platz, 29303 Lohheide, Germany

홈페이지 https://bergen-belsen.stiftung-ng.de

메모리얼 입구

독일 첼레Celle 북서쪽에 있는 베르겐과 벨젠 마을 근처에 위치한 베르겐-벨젠 강제 수용소는 초기인 1941년 여름에는 주로 러시아 군인 포로를 수용하였으나, 1943년 4월 수용소가 나치 친위대에 넘겨지면서 아우슈비츠를 비롯한 다른 수용소에서 온 유대인을 포함하여 집시, 동성애자를 함께 수용하였다.[77]

유대인 수용자는 신분 상태에 따라 중립국 시민, 비자 소유자, 독일군 포로와 교환하기 위한 인질 등으로 다양하게 분류되었다. 베르겐-벨젠 수용소는 1944년 봄에 '휴양 수용소rest camp'로 지정되면서 다른 수용소보다 안전해 보였지만, 이내 재앙의 현장으로 바뀌고 만다. 베르겐-벨젠 수용소가 '죽음의 행진'의 목적지가 되면서, 1944년 가을 처음으로 아우슈비츠에서 8천 명이 이송되었다. 여기에는 안네Anne Frank[78]와 언니 마르고트Margot Frank도 포함되어 있었다. 11월에는 아우슈비츠Ⅱ-비르케나우 수용소장을 지내며 야만적 인물로 평가받던 요제프 크라머Josef Kramer가 베르겐-벨젠으로 발령받으면서, 1945년 1월부터 수만 명의 수용자가 베르겐-벨젠 수용소로 이송되었다.

수용 인원이 증가함에 따라, 수용소 환경은 더욱 악화하였다. 식량과 수용시설이 부족해졌고 위생시설도 불량하였으며, 이어지는 티푸스 등 전염병으로 그해 3월에만 1만 8천 명이 사망했다. 연합군이 베르겐-벨젠 수용소 가까이 진격해 오자, 나치 친위대는 수용소에 흩어진 수천 구의 시신을 거대한 공동묘지에 한꺼번에 매장하였다. 영국군이 수용소를 해방한 4월 15일 베르겐-벨젠 수용소에는 병세가 심각한 6만여 명의 수용자가 남아 있었으며, 제대로 처리되지 않은 시신 수천 구가 널린 모습이었다. 영국군이 촬영한 사진에는 홀로코스트 참상을 담은 충격적인 장면들이 나치 범죄의 생생한 증거가 되었다. 해방 후에도 1만3천 명이 넘는 수감자들이 병약한 상태에서 미처 회복하지 못하고 결국 사망했다. 그 결과, 1943년부터 수용소 해방 직후까지 사망한 사람

은 대부분인 유대인을 포함해 총 5만2천여 명에 달하였다.[79]

수용소를 해방한 영국군은 수용소 내에 퍼진 티푸스의 확산을 막기 위해 모든 막사를 불태웠다. 이로 인해 1945년 여름 베르겐-벨젠 수용소는 건물이 거의 없는 황량한 장소로 변하였다. 수용소 관리자였던 영국군이 부실한 관리 상태로 언론에 크게 혹평을 받은 후, 그해 9월부터 수용소 터에 메모리얼을 만들기 위한 계획을 추진하였다. 그에 따라 1946년 여름 '오벨리스크와 기억의 벽Obelisk and Wall of Remembrance'을 포함하는 설계안이 제시되었으나, 베르겐-벨젠 강제수용소의 유대인 생존자들은 수용소를 기념의 정원으로 바꾸는 아이디어를 강하게 거절하였다. 이는 전쟁 직후 생존자들에게 원지형과 경관을 보전하는 것이 그들의 기억을 되살리는 중요한 관심사였기 때문이다.[80] 이러한 과정 중에서도 1945년 9월 유대인 생존자들은 이전 막사 자리에 희생자를 추모하는 첫 번째 모뉴먼트인 기념탑을 건립하였고, 같은 해 11월에는 폴란드 수감자 및 희생자를 기리는 커다란 나무로 만든 십자가가 세워졌다. 재설계 과정을 거치면서, 1952년에는 11월 서독의 테오도르 호이스Theodor Heuss 대통령이 참석한 가운데 메모리얼의 남서쪽 끝에 30m 높이의 오벨리스크와 희생자의 다양한 언어로 표기된 기억의 벽을 포함하는 메모리얼이 개장되었다.[81]

이후 베르겐-벨젠 수용소는 점차 사람들의 기억 속에서 잊혀졌다. 그러다 1957년, 서독의 콘라드 아데나워Konrad Adenauer 수상과 세계유대인총회 의장인 나훔 골드만Nahum Goldmann이 함께 베르겐-벨젠 수용소를 처음으로 방문하였다. 아데나워가 "독일에서 살고 있는 유대인은 모두 존경받고 안전해야 한다"고 연설하면서, 이곳은 독일 대중에게 유대인과 관련한 주요한 기억의 장소로서 인식되었다. 베르겐-벨젠 수용소 메모리얼은 1960~61년 다시 재설계 과정을 거쳤고, 1966년에는 독일에서 유대인을 학살한 나치 범죄를 영구적으로 전시하는 첫 기록보관소가 만들어졌다.

1979년 10월에는 아우슈비츠와 베르겐-벨젠 수용소의 생존자였던 유럽의회 European Parliament 의장인 시몬느 베유Simone Veil가 '나치에 의한 로마와 신티 학살'에 중점을 두고 연설을 하였다. 이어서 1985년 미국 로널드 레이건Ronald Reagan 대통령이 서독 순방 중 베르겐-벨젠 수용소를 방문하여 연설을 함으로써 국제적인 관심을 끌기도 하였다. 2000년에는 독일연방정부가 메모리얼 재설계를 위한 재정적 지원을 하였고, 이후 2007년 10월에 새로운 자료센터Documentation Centre와 함께 메모리얼을 재개관하였다.

수용소 부지는 외견상 야생화와 수림으로 둘러싸여 있다. 목가적 분위기로 인해 이곳에서 발생했던 비극적 사건과는 대조될 정도로 조용하고 생태적인 외부경관을 연출하고 있다. 나치가 생태주의적 자연관을 수용소 경관에 펼치려 했던 것[82]이 묘한 감정으로 병치되어 느껴진다.

그러나 희생자를 집단으로 매장한 공동묘지 둔덕이 부지 곳곳에 남아 있고, 각 묘지에는 'HIER RUHEN / 5000 TOTE / APRIL 1945' 등과 같이 사망자 수와 사망 시기가 새겨진 명판이 있어, 이곳에서 벌어진 불행한 사건의 역사를 드러내고 있다. 또한, 북측에 위치하는 1980년대에 세워진 소련 전쟁포로 묘지는 이 부지가 소련군 포로수용소에서 시작한 곳임을 암시하고 있다.

베르겐-벨젠 강제수용소 메모리얼 평면도

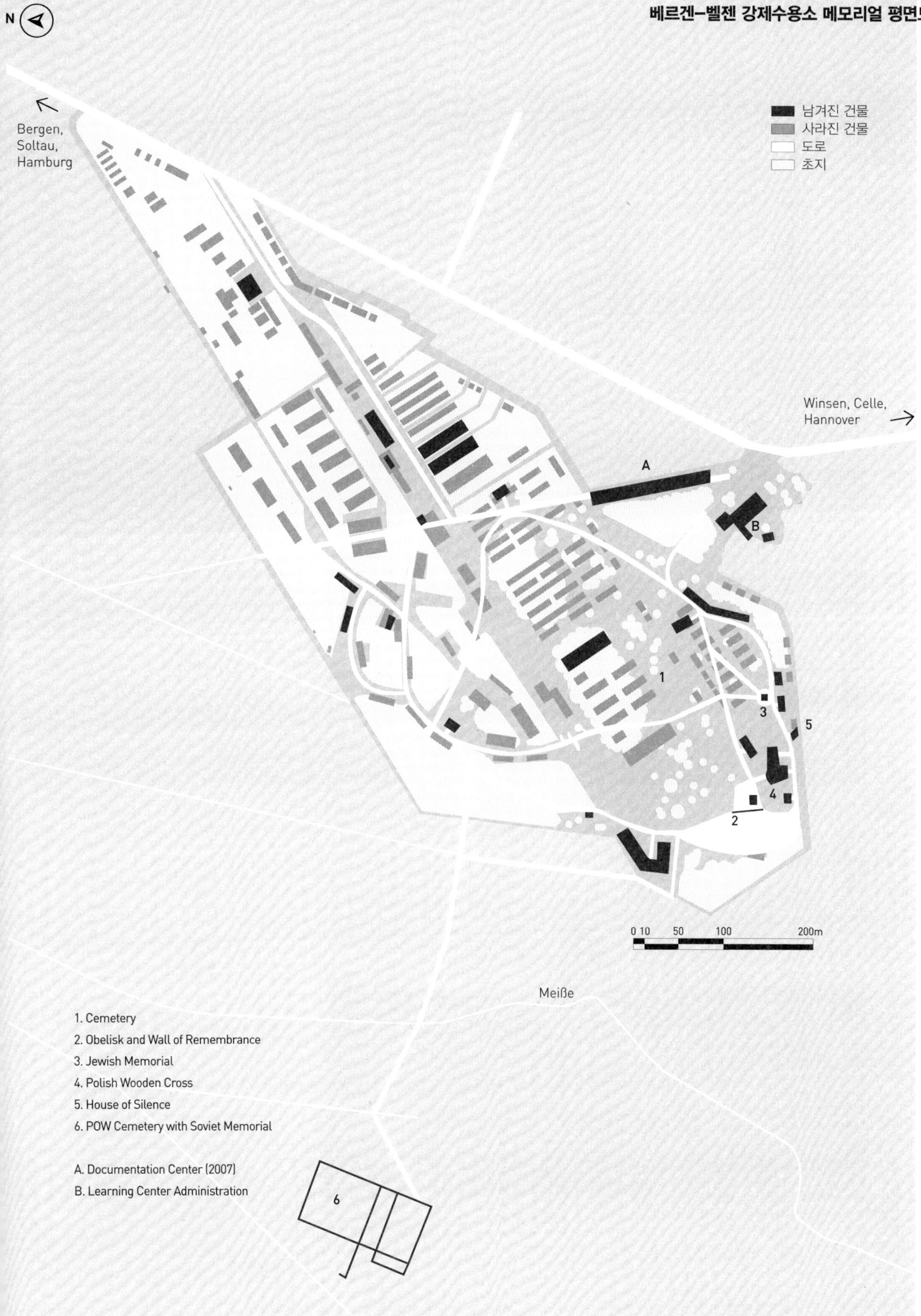

Bergen,
Soltau,
Hamburg

남겨진 건물
사라진 건물
도로
초지

Winsen, Celle,
Hannover

A

B

1

2

3

4

5

0 10 50 100 200m

Meiße

1. Cemetery
2. Obelisk and Wall of Remembrance
3. Jewish Memorial
4. Polish Wooden Cross
5. House of Silence
6. POW Cemetery with Soviet Memorial

A. Documentation Center (2007)
B. Learning Center Administration

6

..."ומכאובי נגדי תמיד"
(תהילים ל"ח י"ח)
..."MY SORROW IS CONTINUALLY BEFORE ME"
(PSALMS 38, 18)
... MEIN SCHMERZ STEHT BESTÄNDIG VOR MIR"
(PSALMEN 38, 18)
CHAIM HERZOG
חיים הרצוג
PRESIDENT OF ISRAEL
נשיא ישראל
PRÄSIDENT VON ISRAEL
6. 4. 1987 - ז' ניסן ה'תשמ"ז

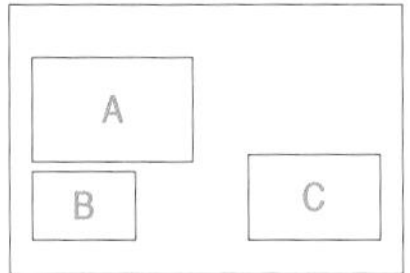

A **묘비석:** 유대인 메모리얼 주변에는 여러 기(基)의 묘비석이 있는데, 1987년 이스라엘 대통령이었던 하임 헤르조그가 세운 기념석이 있으며, 1945년 3월 티푸스로 죽은 안네 프랑크와 언니 마르고트의 비석도 있다.

B **유대인 추모 모뉴먼트:** 유대인 생존자들은 희생자를 추모하는 모뉴먼트를 세웠으며, 희생자 친척들이 세운 상징적 묘비석이 곳곳에 배치되어 있다.

C **2007년 개장한 자료센터(Documentation Centre):** 생존자 및 다른 증인과 인터뷰한 아카이브를 보관하고, 수용소 부지 발굴과정에서 나온 유품을 전시한다.

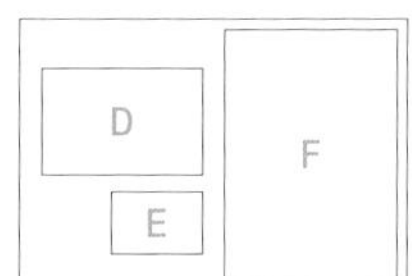

D **공동묘지:** 건물이 모두 사라지고 자연경관이 지배적인 비워진 땅 곳곳에 분포하는 대규모 공동묘지는 이곳에서 가장 두드러진 특징적 경관요소이다. 각각의 공동묘지 앞에는 집단으로 묻힌 희생자의 수와 시기가 석재 명판에 새겨져 있다.

E **기억의 벽:** 이곳에서 죽은 사람들의 다양한 언어로 추모 및 기념되고 있다.

F **오벨리스크와 야생화 들판:** 메모리얼 부지 끝에는 30m 높이의 오벨리스크가 있으며, 앞에는 적막한 가을에 핀 노란 야생화가 피어 있다. 비참할수록 꽃이 필요했던 것인지, 이곳에서 명을 달리한 수백 명 어린이의 환생인 것처럼 느껴진다.

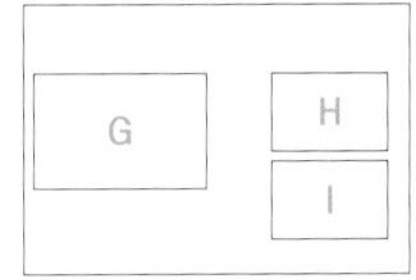

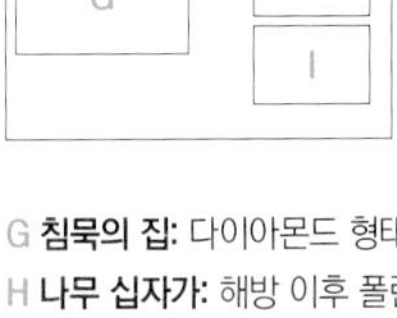

G **침묵의 집:** 다이아몬드 형태의 집이다. 가까이 있는 빈터에 모뉴먼트가 몇 개 더 있다.
H **나무 십자가:** 해방 이후 폴란드 여성 수감자에 의해 세워진 첫 번째 모뉴먼트이다.
I **소련군 전쟁포로 묘지:** 1980년대에 세워진 소련군 묘지로, 베르겐-벨젠 수용소가 소련군 포로수용소에서 시작한 곳임을 알려준다.

작센하우젠 강제수용소 메모리얼

Sachsenhausen Memorial and Museum
Gedenkstätte und Museum Sachsenhausen

위치 Straße der Nationen 22, 16515 Oranienburg, Germany

홈페이지 https://www.sachsenhausen-sbg.de

방문객 안내센터(Visitor Information Centre): 1939~1940년 무기 수리 작업장에 세워진 건물에 2004년 방문객 안내센터가 설치되었다. 건물 주위로 작센하우젠 메모리얼과 박물관을 나타내는 기념벽이 세워져 있다.

작센하우젠 강제수용소는 1933년 국가사회주의자가 권력을 잡은 후 수 개월간 제3제국의 수도 베를린에서 이송된 반대세력들을 수감하고 학대하였던 임시수용소였다. 1936년 7월 하인리히 힘러가 독일 경찰의 수장으로 임명된 이후 처음으로 수용소를 만들었다.

나치 친위대 건축가는 나치의 세계관을 수용소 단지에 건축적으로 표현하였는데, 나치 친위대의 절대적인 힘에 대한 수감자들의 복종을 상징하도록 수감자동을 방사상으로 배치하고 감시가 용이하도록 하여 다른 강제수용소들의 모델이 되기도 했다. 이 수용소는 제국의 수도 베를린에서 북쪽으로 35km 거리에 가까이 위치하였기 때문에, 1938년 독일이 지배하는 지역의 강제수용소를 사찰하는 행정본부가 베를린으로부터 이전되어 수용소 규모가 더욱 커지고 모든 수용소 시스템의 행정적 중심이 되었다. 이후 나치 친위대 간부를 위한 훈련시설로도 사용되었는데, 아우슈비츠 수용소 사령관이 된 루돌프 회스Rudolf Höss도 이곳에서 훈련을 받았다.

전쟁 전 작센하우젠 수용소의 수감자 대부분은 나치에 반대하는 정치인과 사회 지도자였으나, '수정의 밤' 사건 이후 1942년까지 5천 명이 넘는 유대인이 이곳으로 보내졌으며, 1942년에는 남아 있던 대부분의 유대인 수감자는 아우슈비츠로 이송되었다. 예외적으로 유대인 수감자 일부는 영국의 위조지폐를 만드는 베른하르트 작전Operation Bernhard을 위해 남겨지기도 하였다.

전쟁 중 대부분의 수감자는 폴란드인과 소련군 포로였다. 소련군 포로 중에는 스탈린의 아들 야코브 쥬가시빌리Yakow Dzhugashvili도 있었다. 1만 명이 넘는 붉은 군대 포로는 1941년 9월에 대부분 총살되거나, 나치 친위대가 개발한 가스밴gas van[83]을 실험하는 과정에서 죽기도 하였다. 이곳의 수감자들도 '죽음의 행진' 길에 올랐으며, 서쪽으로 이동 중에 수천 명이 사망했다. 1945년 4월 22일, 붉은 군대 및 폴란드 군대에 의해 수용소가 해방되었을 때, 작센하우젠 수용소에는 3천 명의 환자만 남겨져 있었다. 작센하우젠 수용소와 부속 수용소를 거쳐 간 사람은 약 20만 명 정도로 추정되며, 수만 명이 기근, 질병, 강제노동, 나치 친위대에 의한 조직적인 학살을 당하였다.[84]

나치 통치에서 해방되고 나서 3개월 후, 소련의 비밀조직인 '내무인민위원회NKVD'[85]는 제7 특별수용소를 작센하우젠 수용소로 이전시키고 화장장과 절멸시설을 제외한 건물과 시설의 대부분을 그대로 사용하였으며, 나치 하에서 공무원이었던 사람들과 정치적 반대자들을 가두었다. 1948년 이후에 작센하우젠 수용소는 소련이 지배하는 지역에 있는 3곳의 특별수용소 중에서 가장 큰 '제1 특별수용소'가 되었으며, 수용소가 문을 닫던 1950년 3월까지 6만 명이 수감되었고 1만2천 명이 질병과 영양실조로 죽었다.

소련군과 동독의 무장인민경찰Volkspolizei[86] 및 국가인민군NVA: Nationale Volksarmee[87]이 이 시설을 사용하는 과정에서 대규모 시설파괴가 있었지만, 1956년부터 이곳을 메모리얼로 변환시키기 위한 계획이 시작되어 1961년 4월 22일에 '작센하우젠 국립 메모리얼'이 개장하였다. 계획가들은 원래 유지되던 구조물을 보존하지 않고 '파시즘을 극복한 반파시즘의 승리'를 강조하는 이념적 의도를 강하게 반영하였다.

동독에서 평화로운 혁명이 이뤄지고 독일이 통일되면서, 1993년 1월 이후로 작센하우젠 메모리얼과 박물관은 '브란덴부르크 메모리얼 재단'에 속하게 되었다. 광범위한 역사적 유물을 복구하고 사라진 막사의 위치가 표기되었으며, 방문객들이 지난 역사와 소통할 수 있도록 다양한 전시가 진행되었다. 이러한 리모델링 작업을 거치면서, 지금은 기억의 장소로서 국제적인 근대 역사박물관으로 역할을 하고 있다.[88, 89]

1. Visitor Information Center / Armoury
2. Models
3. Camp Street
4. SS Troop Camp
5. Entrance to Command Headquarters and Prisoners' Camp
6. Command Headquarters
7. Commandant's House
8. New Museum
9. Signs of Commemoration
10. Entrance to the Prisoners' Camp "Tower A"
11. Security System
12. Roll-Call Area
13. Shoe-Testing Track
14. Small Camp
15. Barrack 38
16. Barrack 39
17. Prison
18. Passage to Zone II of the Special Camp
19. Prisoners' Camp
20. Site of the Gallows
21. Prisoners' Laundry Room / Meeting Room
22. Prisoners' Kitchen
23. Memorial of the "National Memorial" (1961)
24. Camp Wall Near "Station Z"
25. Execution Trench
26. Burial Ground with Ashes of Victims of the Concentration Camp
27. Site of Commemoration "Station Z" for the Victims of the Concentration Camp
28. Industrial Yard
29. Tower E
30. "Sonderlager" of the Concentration Camp / Zone II of the Special Camp
31. Soviet Special Camp Museum
32. Mass Graves and Memorial for Victims of the Special Camp / Signs of Commemoration
33. Site of the First Crematorium
34. Infirmary Barracks
35. Pathology Building and Cellar Mortuary
36. Mass Graves and Concentration Camp Victims
37. T-Building

작센하우젠 강제수용소 메모리얼 평면도

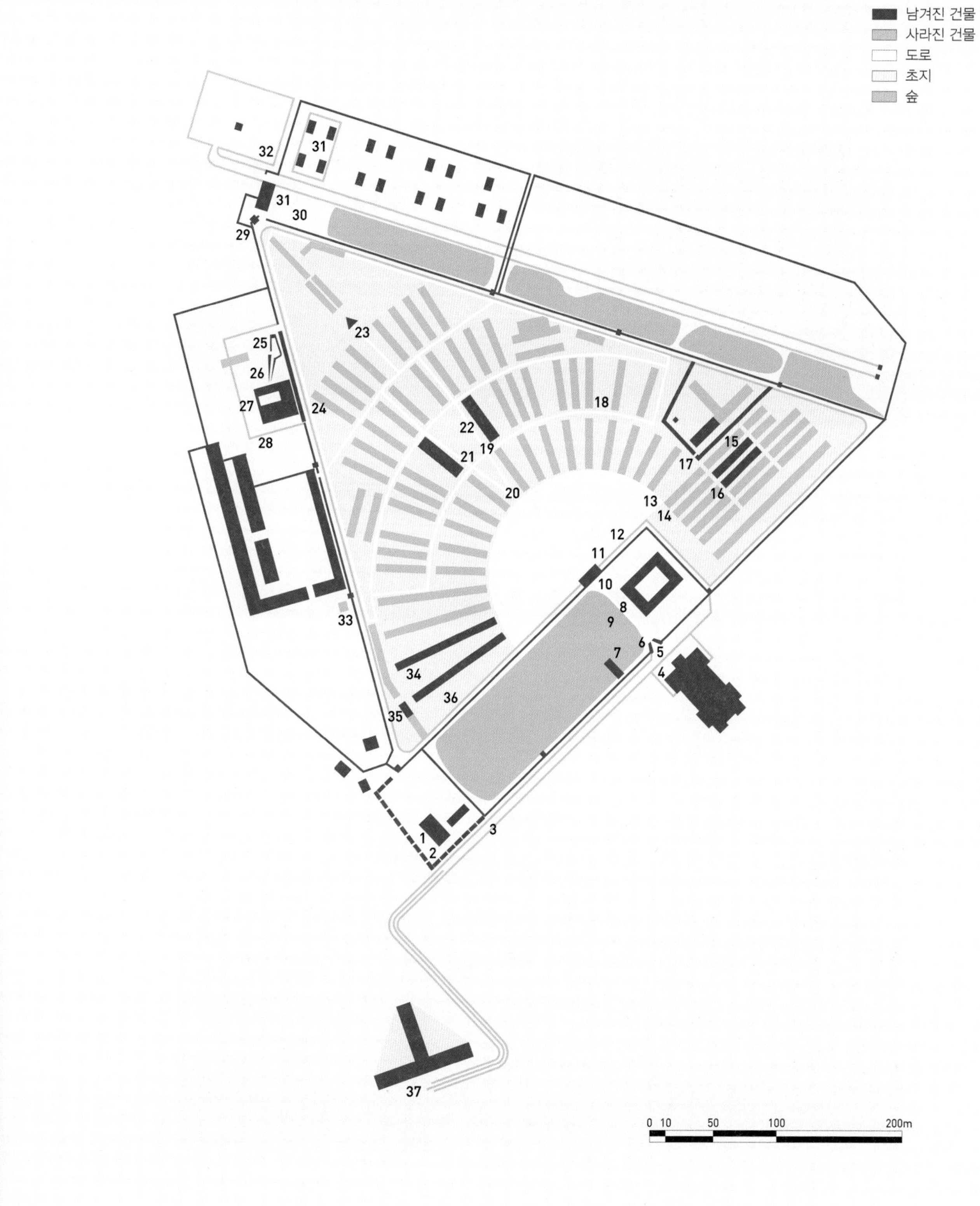

- 남겨진 건물
- 사라진 건물
- 도로
- 초지
- 숲

0 10 50 100 200m

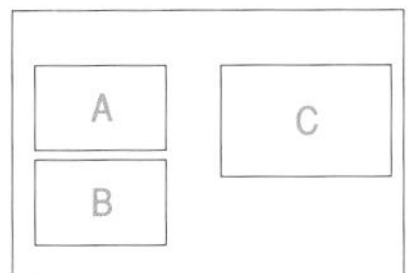

A **캠프 도로(Camp Street; Lagerstraße):** 안내센터에서부터의 방문객 동선은 나치 친위대 부대 캠프와 수용소 및 수용소 본부를 분리하는 캠프 도로를 통해서 수용소로 이어진다. 현재는 수용소에서 일어난 사건의 사진을 벽면에 전시하고 있다.

B **나치 친위대 부대 캠프(SS Troop Camp):** 수용소 경비가 훈련받고 머무르던 곳이다. 군대 막사를 포함하고 있으며, 모든 강제수용소 체계를 총괄하는 위원회가 있었다.

C **수용소 입구:** 수용소로 들어가는 입구는 수용소의 중심축과 정확하게 일치하고 있다.

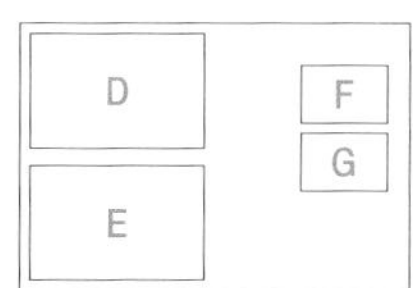

D **신 박물관(New Museum):** 박물관에는 최초의 오라니엔부르크 수용소(Oranienburg Concentration Camp)[90]와 작센하우젠 수용소 메모리얼의 역사를 설명하는 사진 및 음성자료, 예술작품, 계획과정 등을 소개하고 있다. 반(反)파시즘의 명분을 정치적으로 이용하려는 내용과 동독 건축가·계획가들의 작업 내용이 전시 중이다.

E **보안시설 전시:** 철조망, 콘크리트 기둥 등 수용소 보안시설에 관한 전시

F **포그롬에 의해 체포되어 작센하우젠 수용소에서 희생된 사람들을 위한 기념벽:** 1938년 11월의 포그롬은 홀로코스트의 시작을 알리는 신호탄이 되었다. 포그롬 동안 체포되어 작센하우젠에 갇힌 수감자 중에서 1,850명 이상이 희생되었다.

G **「Oranienburg Concentration Camp 1933–1934」 전시**

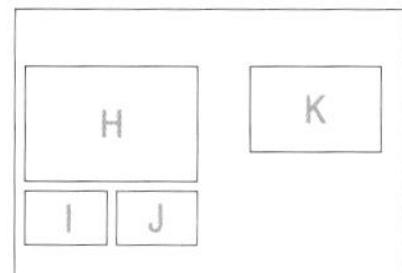

H **점호광장과 수용소 전경:** 1961년에 개장한 메모리얼의 개념은 '반파시즘'에 초점을 두었다. 수용소 본래 모습을 보존하는 데 주의를 기울이지 않아 건물 대부분은 파괴되었고, 관리도 제대로 되지 않았다. 그 결과, 반원형 점호광장(Appellplatz) 주변의 수용소 막사는 사라져 원래 구조물이 남아 있지 않다.

I **교수대 부지와 남겨진 막사:** 점호광장과 인접해 동료들 앞에서 수감자들이 처형되는 장면이 보이는 교수대이다. 크리스마스 때 나치 친위대는 이곳에 크리스마스트리를 놓기도 하였다. 그 뒤편은 유일하게 남겨진 막사 건물로, 왼쪽이 수감자 세탁동(현 행사장)이고 오른쪽은 취사동(수용소 역사를 설명하는 영상관)이다.

J **모뉴먼트:** 1961년에 세워진 약 40m 높이의 이 오벨리스크는 동독(東獨, GDR) 작센하우젠 국립 메모리얼의 상징으로, 가장 중심적인 모뉴먼트이다.

K **유대인 막사:** 유대인이 대부분 수감되었던 '스몰캠프(Small Camp)'에 있는 38, 39번 막사 두 동은 1958~1960년에 원재료로 재건되었으며, 방화가 일어나 1992년에 다시 세워졌다. 38번 막사에서는 유대인 수감자에 관한 전시를 하고 있다. 중앙에 있는 유리 진열 케이스에는 1996년 훈련 중에 발견된 신발조각과 다른 물품들이 전시되어 있으며, 화폐 위조에 동원된 유대인 그룹을 전시하고 있다. 아울러, 39번 막사는 20명의 수감자로부터 수집한 자료를 이용하여 멀티미디어 전시로써 수감자의 일상생활을 보여 주고 있다.

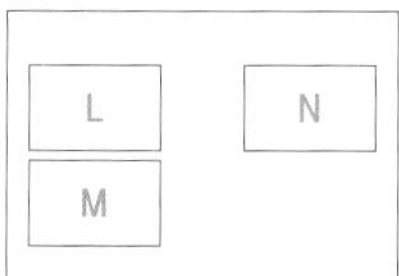

L **'Station Z' 인근의 수용소 벽면 전시:** 주 수용소의 서측 벽면에는 수용소의 다양한 절멸시설뿐만 아니라, 이 특별한 부지의 역사에 대해 설명하고 있다. 1941년에 약 13,000명의 소련 전쟁포로를 포함한 대량학살을 집중적으로 소개하고, 살해 작전의 중심이었던 'Station Z' 부지를 나타내고 있다. 화장장과 가스실의 기초구조는 벽 뒤편의 캐노피 아래에 있으며, 가까이에는 유해 구덩이와 처형 트렌치(trench)가 있다. 절멸시설은 수용소가 해방될 때까지 온전하였지만, 1950년대 초 동독에 의해 폭파되었다. 메모리얼이 만들어지기 전까지는 쓰레기 적치장으로 사용되었다.

M **희생자 유해 매장지:** 1996년과 2004년에 'Station Z' 가까운 곳에 나치 친위대가 화장장 유해를 버린 참호를 발견하였다.

N **희생자를 위한 'Station Z' 추모 부지:** 작센하우젠 강제수용소의 희생자를 추모하기 위한 중심적 부지이다. 화장장과 절멸시설 옆에 위치하고 있으며, 모뉴먼트가 설치되어 있다.

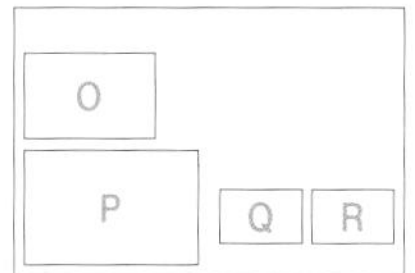

O **타워 E:** 수용소 삼각형 부지의 북쪽 끝에 있다. 이곳에서는 작센하우젠의 특별구역으로 소련군 포로가 수감되었고, 소련 비밀경찰(NKVD)에 의해 독일인이 감금되었던 곳이 내려다보인다.

P **소련군 특별수용소**

Q **소련군 특별수용소 박물관(Soviet Special Camp Museum):** 1945~1950년의 작센하우젠 특별구역으로, 2001년부터 특별수용소의 역사, 굶주림과 병으로 죽은 수감자 1만2천 명의 운명에 대해 전시하고 있다.

R **병동 막사의 전시:** 작센하우젠 의사들에 의한 강제불임이나 거세, 인체실험, 치명적 주사로 붉은 군대 병사를 살해하는 등 의학적 범죄뿐만 아니라 수감자에 대한 일상적인 의료활동이 전시되고 있다. 지하의 수감자 식당 저장고에는 소련 특별수용소 시대에 그려진 벽화가 있다.

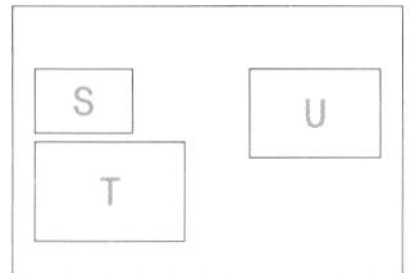

S **사형 참호:** 저항운동가, 양심적 반대자, 나치 특별 법정에서 사형을 선고받은 사람들이 처형된 곳이다.
T **희생자 공동묘지:** 수용소가 해방되던 1945년 4월 23일 이후 병동 막사에서 죽은 수감자를 50인 단위로 묻은 여섯 기의 공동묘지가 있다.
U **희생자 추모 조각정원**: 수용소 희생자를 추모하기 위해 나라별로 세운 조각정원

라벤스브뤼크 강제수용소 메모리얼

Ravensbrück Concentration Camp Memorial

Mahn- und Gedenkstätte Ravensbrück

위치 Straße der Nationen 1 16798 Fürstenberg/Havel, Germany

홈페이지 https://www.ravensbrueck-sbg.de

'국가의 벽'과 장미정원: 1950년대 중반부터 수용소가 해방된 이후, 여러 곳에 묻혔던 사망자를 옮겨 묻은 곳이다. 새로운 매장지는 수용소 벽에 20개국의 희생자를 추모하는 '국가의 벽(Wall of Nations)' 아래로 정해졌고, 이곳에 장미를 심었다. 1986년 살해된 유대인 수감자를 기리는 기념석이 설치되었으며, 1995년에는 희생된 신티와 로마를 추모하는 기념석이 세워졌다. 좌측으로 여성 수감자의 조각이 있다.

1939년 나치 친위대는 퓌르스텐베르크Fürstenberg 가까운 곳에 독일 제3제국 하에서 가장 큰 여성수용소인 라벤스브뤼크 수용소를 만들었다. 1939년 봄 리히텐부르크Lichtenburg 강제수용소에서 첫 여성 수감자들이 이송되어 왔다. 1941년 4월에는 여성 수용소 사령관의 지휘 아래 남성수용소가 만들어졌으며, 1942년 6월에는 바로 인접한 우케르마르크Uckermark에 청소년 보호유치수용소가 만들어졌다. 전쟁 이전에는 정치적 반대자나 범죄자, 반사회적인 사람들이 수감되었으나, 전쟁 중에는 폴란드 및 소련 여성 수감자 수가 크게 늘어났으며, '죽음의 행진' 일행이 도착하면서 수감자는 더욱 증가하였다.

1945년까지 수용소는 계속해서 확장되었는데, 나치 친위대는 수감자를 수용하기 위해 더 많은 막사를 세웠다. 수용소 벽 안쪽에는 생산시설이 설치된 몇 개의 산업단지가 있었고, 여성 수감자들은 바느질과 옷감 짜는 일 같은 전통적인 여성노동에 강제로 동원되었다.

수감자들은 30개 국가에서 온 유대인과 신티 및 로마였으며, 1941년 이후로 라벤스브뤼크는 많은 여성이 총살된 학살의 장소가 되었다. 몸이 약하고 노동에 부적합한 수감자들이 '14f13 작전' 과정에서 죽임을 당하였으며, 쇠약한 유대인 수감자는 베른부르크Bernburg 요양원이나 아우슈비츠로 보내져 살해되기도 하였다.

1945년 초에 나치 친위대는 화장장 가까운 곳에 임시가스실을 만들어서 1945년 1월 하순에서 4월 사이에 5~6천 명에 이르는 수용자를 학살하였다. 힘러의 수용소 청산 지시에 따라, 라벤스브뤼크 사령관인 프리츠 주어렌Fritz Suhren은 1945년 3월 하순에 수감자 대부분인 2만 명을 '죽음의 행진'으로 내몰았다. 1945년 4월 30일 붉은 군대가 수용소를 해방하였을 때, 이곳에는 환자 2천 명만 남아 있었다.

라벤스브뤼크 수용소에는 여성과 어린이 약 12만 명, 남성 2만 명, 소녀와 젊은 여성 1,200명이 1939년에서 1945년 사이에 등록되었으며, 총 희생자 수는 다양한 견해가 있지만 9만 명 정도로 추정된다. 대부분의 수감자는 해방이 됐는데도 계속 앓다가, 많은 수가 몇 주에서 몇 달, 길어야 몇 년 내로 죽었으며, 그 외 생존자들도 수감 후유증으로 고통을 겪었다.

1948년부터 옛 수감자들은 화장장 구역 주변을 보전해서 회고의 장소로 바꾸려고 애썼다. 1945년 5월부터 1994년 1월 하순까지 옛 강제수용소는 슈베트지Schwedtsee 호수의 제방 기념지역을 제외하고는 소련군과 이후 독립국가연합CIS: Commonwealth of Independent States[91]군에서 군사 용도로 사용하였다. 이 기간 중인 1959년 9월 12일 라벤스브뤼크 국립 메모리얼이 개장하였고, 동독의 3대 국가 메모리얼 중 하나가 되었다.

독일이 통일된 이후 1990년대에 러시아가 철수하였고, 1993년 이 메모리얼은 독일 연방정부와 브란덴부르크 주가 후원하는 브란덴부르크 메모리얼 재단의 부속시설이 되었다.[92]

1. Visitor Centre
2. SS Headquarters (1940~45)
3. Waterworks (1939~45)
4. Garage Complex (1940~45)
5. Camp Gate and Guard Station (1939~45)
6. Prisoners' Compound (1939~45)
7. SS Canteen (1939, 40~45)
8. Utility Building (1939~45)
9. Roll-Call Square (1939~45)
10. Camp Street 1 (1939~45)
11. Huts, Sickbay (1939~45)
12. Work Deployment Office (1943~45)
13. Huts (1939~45)
    Huts for Inmate Officials (Blocks 1~3) (1942~45)
14. Huts (1939-45)
    Sickbay (Blocks 5~7) (1943~45)
15. Huts (1939~45)
    Sickbay Huts (Blocks 8~11) (1944~45)
16. Hut (Block 9) (1939~45)
17. Hut (Block 10) (1939~45)
    Tuberculosis Ward (1944, 45)
18. Hut (Block 11) (1939~45)
19. Laundry and Prisoner Baths with Delousing and Disinfestation Facility (1943, 44~45)
20. Penal Block (1939~45)
21. Transformer Station (1939, 40~45)
22a. Industrial Estate (1940~45)
22b. Textile Factory Belonging to the Waffen-SS (1940~45)
23. Tailors' Workshop (1942~45)
24. Men's Camp (1941~45)
25. "New Camp" (1940~45)
26. Cell Building (1939~45)
27. Memorial (since 1959)
27a. "Burdened Woman" (since 1959)
28. Crematorium (1943~45)
29. Gas Chamber (1945)
30a. Burial Ground (since 1959)
30b. Memorial Area (since 2009)
30c. Path to Siemens Camp
31. Executions
32. Siemens & Halske Production Facilities (Siemens Camp) (1942~45)
33. Tent (1944, 45)
34. Transports (1939~45)
35. Uckermark "Juvenile Protective Custody Camp" (1942~45)
36. SS Housing Estate (1939~45)
36a. Memorials' Educational Services
36b. Exhibition of the Auxiliary of the SS
36c. One of the Former Officers' Houses

N

라벤스브뤼크 강제수용소 메모리얼 평면도

- 남겨진 건물
- 사라진 건물
- 도로
- 호수
- 초지
- 숲

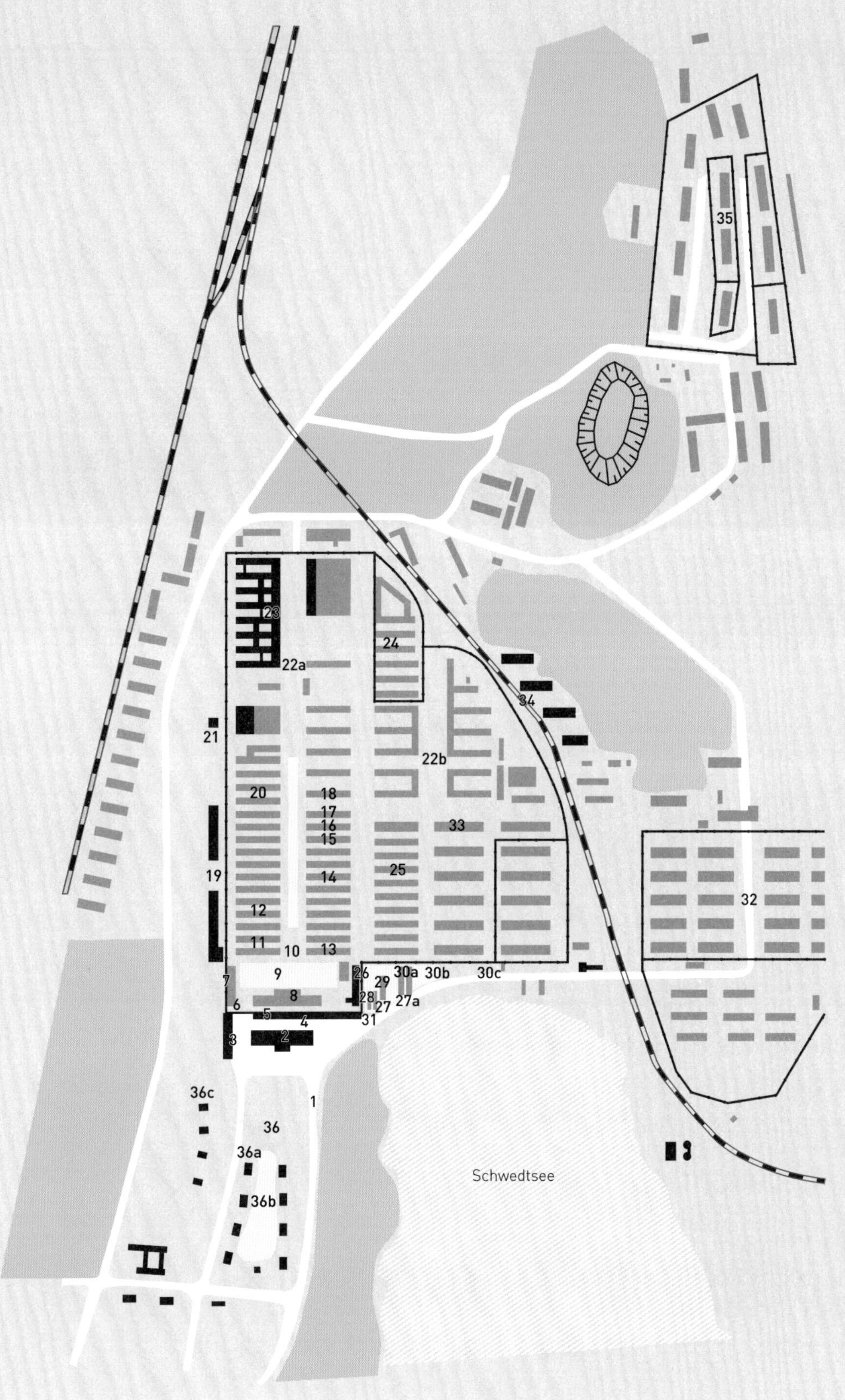

RAVENSBRÜCK
GEDENKSTÄTTE · MEMORIAL

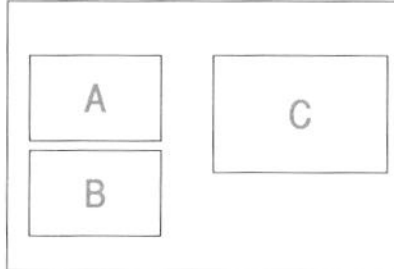

A **방문자 센터(Visitor Center):** 2007년에 개장하였다. 이곳에서 나치 독일과 라벤스브뤼크 강제수용소의 역사에 관한 정보를 얻을 수 있으며, 수용소 모형이 전시되어 있다.

B **라벤스브뤼크 메모리얼 전시관(Ravensbrück Memorial Museum):** 나치 친위대 본부(SS Headquarters)와 수용소 행정부, 나치 친위대 병원이 있었던 건물로, 1945년 수용소가 해방되고 1977년까지 소련군에서 사용하였다. 1984년부터 메모리얼의 중심 전시공간으로 기능을 수행하고 있으며, 2013년 4월 21일 생존자, 생존자단체 대표, 후원자 등이 참석하여 라벤스브뤼크 수용소의 역사에 관한 새로운 상설전시 「The Ravensbrück Women's Concentration Camp - History and Memory」 전이 개관하였다.

C **메모리얼 주변 경관:** 슈베트지 호수에 인접하여 공공의 정치교육용으로 설치된 소광장이 있고 「Burdened Woman」 조각이 보이며, 오른쪽 호수 건너편으로는 퓌르스텐베르크 시내가 바라보인다.

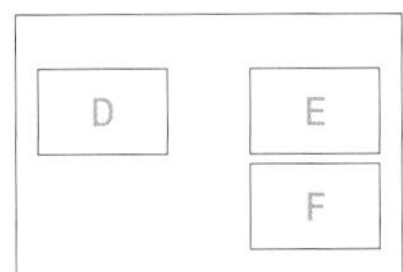

D **관리동 건물(Utility Building) 기단:** 수감자 취사실과 목욕탕이 있었던 1층 건물 터로, 벽돌조 기단만 남은 상태로 보존되어 있다. 오른쪽 뒤편 멀리 수용소 감옥(Cell Building)이 보인다.

E **수용소 빈터:** 현재 수용소 터는 과거의 언젠가 서 있던 막사 자리를 나타내는 자갈이 깔린 넓은 공간이다. 사진 왼쪽 뒤편으로 세탁실과 살균시설을 갖춘 수감자 목욕탕 건물이 보인다.

F **세탁실과 살균시설을 갖춘 수감자 목욕탕 건물:** 1943년 북측 수용소 바깥쪽에 세탁실과 샤워실이 있는 석조 건물이 건설되었다. 1945년 이후 소련군에 의해 시설이 크게 바뀌었는데, 왼쪽 건물은 소련군 병사를 위한 취사실과 식당, 오른쪽 건물은 약국과 더불어 의료 목적으로 사용되었다.

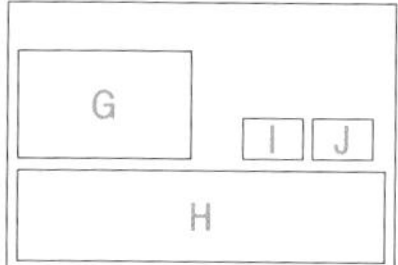

G **산업단지와 재단사 작업장(Tailors' Workshop):** 수감자들이 자신들의 수감복과 나치 친위대 군복을 생산하던 건물이 있었다. 오른쪽 건물은 여덟 개의 서로 연결되는 홀(hall)로 구성되는 재단사 작업장으로, 라벤스브뤼크 노예노동의 중심적 장소였다. 1999~2000년에 크게 개축되었으며, 현재는 이곳에서 노예노동에 관한 전시를 하고 있다.

H **산업단지에서 수용소 1번 가로(Camp Street 1)를 통해 입구 쪽을 바라본 경관:** 지금은 모두 없어졌지만, 이 넓은 공간에는 수감자 블록을 중심으로 형벌 블록, 작업배치 사무실, 의무실 등이 설치되어 있었다. 반대편으로 메모리얼 전시관과 수용소 입구가 보인다.

I **고목 그루터기:** 수용소 당시부터 자라던 나무가 죽어 밑동만 남았다.

J **기념석:** 1945년 전쟁 막바지까지 화장장 인근에서 발생한 대량총살의 현장으로, 여성들은 나치 친위대와 존더코만도에 의해 목 뒷부분에 총을 맞아 희생되었다.

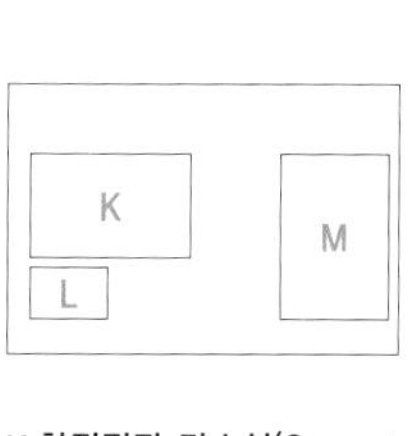

K **화장장과 가스실(Crematorium and Gas Chamber):** 처음에는 호수 건너편에 위치한 퓌르스텐베르크 자치구 화장장을 이용하였으나, 1943년 봄 나치 친위대는 수용소 벽 바깥에 자체 화장장을 건설하였다. 1945년 초에는 화장장 근처에 가스실을 설치하였고, 1945년 1월과 4월 사이에 5~6천 명의 수감자가 살해되었다. 1991년 국제라벤스브뤼크위원회의 요청으로 가스실 부지에 기념 표지석이 놓였다. 2011년 재건작업 중 수용소 벽을 따라 화장장 입구의 오른편에서 화장한 유해가 많이 발굴되었고, 이곳은 묘지구역으로 지정되었다.

L **추모구역:** 생존자단체 및 유가족 요구에 따라 만들어진 개인적 추모 공간으로, 기념석과 여러 가지 모뉴먼트가 설치되어 있다.

M **1959년에 조성된 메모리얼:** 1959년에 9월 12일 수용소 밖 슈베트지(Schwedtsee) 호수에 인접하여 라벤스브뤼크 국립 메모리얼이 개장하면서, 메모리얼 중심에 빌 람머트의 청동상 「Burdened Woman」(Tragende)이 설치되었으며, 메모리얼의 상징으로 여겨지고 있다. 이곳에는 화장장·가스실과 매장지가 있으며, 기념조각이 설치되어 있다.

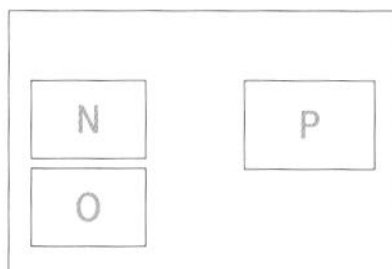

N, O **나치 친위대 주택:** 옛 나치 친위대 주택은 고위간부용 단독주택(Führerhäuser, 사진 N) 네 채, 중간계급용 2호 연립주택(Unterführerhäuser) 10채, 그리고 여성 경비요원용으로 건물 여덟 채가 있다. 수용소가 해방된 후 1994년까지 이 건물들은 소련군과 이후 독립국가연합군의 생활공간으로 이용되었다. 2002년부터 옛 경비요원 구역(사진 O)은 라벤스브뤼크 청소년 만남 센터와 유스호스텔로 사용되고 있으며, 그중 한 건물은 메모리얼 교육서비스 사무실이고 그 옆 건물에서는 「나치 친위대의 보조자 - 라벤스브뤼크 여성 강제수용소에서 여성 경비요원("In the SS-Auxiliary" - The Female Guards of the Ravensbrück Women's Concentration Camp」 전시가 진행되고 있다. 2010년부터는 고위간부 주택 중 한 곳에서 「The 'Fuhrerhaus': Everyday Life and Crimes of Ravensbrück SS Officers」를 전시하고 있다.

P **조각상 「어머니(Mothers)」:** 1965년에 세워진 조각가 프리츠 크레머(Fritz Cremer)의 작품 「Müttergruppe」이다. 아이의 시신을 슬픔 속에 들것으로 나르는 깡마른 3명의 여성 조각상으로, 비통함과 추모의 모습을 나타내고 있다. 수용소 진입도로 입구에 설치되어 있으며, 이곳에 주로 여성들이 수감되었음을 알려 준다.

부헨발트 강제수용소 메모리얼

Buchenwald Concentration Camp Memorial

Gedenkstätte Buchenwald

위치 99427 Weimar, Germany

홈페이지 https://www.buchenwald.de/en/69/

북쪽에서 바라본 수용소 남쪽 경관: 넓고 황량한 수용소 부지에 눈보라가 몰아치고 뼛속으로 추위가 스며드는 겨울에 방문하면, 수감자들의 힘들고 절박했을 삶의 모습을 더욱 깊이 느낄 수 있다.

1937년 독일 고전주의 도시인 바이마르 근교의 에테르스베르크 산Mt. Ettersberg에 세워진 부헨발트 강제수용소는 나치 독일 제3제국에서 가장 큰 수용소 중 하나였으며, 139곳의 보조수용소를 거느린 핵심 수용소로서 독일 군수산업을 위해 수감자들의 노동력을 무자비하게 착취한 곳이다. 나치 친위대는 나치 정부에 정치적으로 반대하는 사람, 반사회적인 사람, 범죄자, 동성애자, 여호와의증인, 유대인, 신티 및 로마 등, 국가사회주의의 국민 커뮤니티에 자리 잡을 수 없다고 여긴 사람들을 이곳으로 이송하여 수감하였다.

1937년 작센하우젠 소장이었던 카를-오토 코흐Karl-Otto Koch가 부헨발트 수용소 소장으로 부임했으며, 부인인 일제 코흐Ilse Koch는 여성 감독관으로 함께 와서 1941년 마이다네크 수용소로 옮겨갈 때까지 폭정暴政으로 수용소를 공포에 몰아넣었다.

유대인이 처음 이송된 것은 1938년 봄이며, '수정의 밤' 사건의 여파로 1만 명 이상이 수감되었다. 제2차 세계대전이 발발하자, 국가사회주의자들은 가까운 유럽 나라들로부터 부헨발트로 사람들을 이송하였다. 1945년 초에는 동부 유럽의 수용소를 폐쇄하면서 '죽음의 행진'으로 많은 수감자들이 부헨발트로 왔다. 아우슈비츠와 그로스-로젠Gross-Rosen 수용소에서 이송되어 온 사람들을 포함하여 이곳에는 8만5천 명이 있었으며, 과밀하고 열악한 환경으로 인해 1945년 새해가 시작되고 100일 만에 13,969명이나 죽었다. 나치 친위대는 부헨발트를 폐쇄하기로 하고 4월 초 2만8천 명을 '죽음의 행진'으로 내몰았으나, 수용소 내 저항조직의 활동으로 수감자들은 잘 버텨 낼 수 있었다.

1945년 4월 11일, 나치 친위대가 달아나고 수감자들이 스스로 수용소를 해방하고 나서 미군이 도착하였다. 이때 어린이와 청소년 9백 명을 포함하여 수용소에 남은 수감자는 2만1천 명이었다.[93] 미국은 부헨발트를 접수했으나, 소련군 점령지역이어서 곧 붉은 군대에 시설을 넘겼다. 이곳에는 50여 국적을 가진 28만 명이 수용되었고, 약 5만6천 명이 부헨발트와 보조수용소에서 살해되거나 굶고 병들어 죽었으며, 심지어는 이곳에 있었던 나치 친위대 산하 위생학연구소에 의한 의학실험의 희생자가 되기도 하였다.[94]

전쟁 후 소련 비밀경찰은 이곳에 '제2 특별수용소'를 설치하였다. 1945년부터 1950년까지 28,500명이 이곳에 수감되었다. 수감자 대부분은 50~60대 남성으로 국가사회주의독일노동당NSDAP 소속이었으며, 주로 지역의 당과 하부조직에서 사무실을 유지하거나 국가사회주의 행정부·경찰·사법부에 종사했던 사람들이었다. 부헨발트 특별수용소의 수감조건은 극도로 비인간적이어서 7천1백 명 이상이 이곳에서 죽었으며, 수용소 북쪽 공동묘지와 부헨발트 철도역 인근에 묻혔다.[95]

1950년 특별수용소가 폐쇄된 후, 독일사회주의통일당SED: Sozialistische Einheitspartei Deutschlands; Socialist Unity Party의 결정에 따라 수용소의 많은 부분이 해체되었다. 1958년에는 에테르스베르크 산의 남쪽 비탈면에 독일에서 가장 큰 강제수용소 메모리얼인 '독일민주공화국 메모리얼Nationale Mahn- und Gedenkstätte Buchenwald'이 세워졌다.

1950년대 공산주의 이념 하에서 메모리얼이 만들어졌기 때문에, 동독 정부가 대량학살 현장을 반파시즘의 장소로 가장 극적으로 변화시킨 곳이 되었다. 모든 희생자는 반파시즘 레지스탕트로 추모되고 유대인, 종교적 이단자, 소수 인종은 공공의 기억에서 잊혔다. 나치 인종학살에 대한 메모리얼, 전쟁 후 소련이 나치 협력자를 감금한 감옥, 그리고 공산주의 이념을 의도적으로 고양한 곳으로서 병치竝置를 통하여 이곳에 대한 기억은 더욱 정치적으로 변질되었다.[96]

독일민주공화국 메모리얼

The GDR Memorial
Nationale Mahn- und Gedenkstätte Buchenwald

독일민주공화국 메모리얼GDR Memorial은 독일민주공화국동독, GDR[97] 정부의 결정에 따라 1954년부터 설립계획이 시작되었다. 수용소 해방 이후 400명의 유해가 묻힌 에테르베르크의 남쪽 비탈면 묘지에, 1958년 기념비적인 메모리얼이 세워졌다. 이곳은 동독 통치 하에서 정치선전을 위한 공산주의자 메모리얼로서, 방문객을 의도적으로 교육하기 위하여 설치되었다.[98]

독일 공산주의자의 저항을 강조함으로써, 독일사회주의통일당SED이 동독을 통치하는 것을 정당화하기 위한 목적으로 세워진 메모리얼은 옛 포로수용소의 실제 부지를 압도하였다. 언덕의 숲 꼭대기에 반파시즘을 위한 사원과 종탑이 세워졌고 넓은 통로, 명상의 장소, 조각, 영웅적 희생자 기념물 등이 세워졌다. 입구로부터 계단으로 내려가면, 수용소 해방 직전 나치 친위대가 3천 명의 시신을 묻은 3개의 큰 구덩이가 있다.

동·서독이 통일된 후 '공산주의의 요새'로서 인식되었던 부헨발트 수용소 메모리얼은 담론의 중심이 되었다. 부헨발트 수용소 메모리얼의 도덕적 교훈은 인종학살과 정치테러가 '재현되지 않아야 한다Never again'가 아니라, 국제적인 파시스트 자본주의의 파괴적 힘을 '결코 잊지 말자Never forget'가 되었다. 이러한 기억에서 홀로코스트를 기념할 여지는 없었다. 수천 명의 여성이 부헨발트 부속 노예노동수용소에서 일해야 했지만, 동상·사진·메모리얼 등에는 여성 희생자에 대한 어떠한 언급도 없었다. 부헨발트 수용소 메모리얼에서는 오직 반파시스트와 동독을 수립한 공산주의자를 기념하였다.[99]

동독 정부가 무너지면서, 독일민주공화국 메모리얼은 새롭게 종합적으로 재설계되고 구조화하였다. 1989년 11월 초, 독일민주공화국 메모리얼 사무국은 새로운 개념을 구상하였다. 1991년 9월 튀링겐Thüringen 과학부장관Minister of Science에 의해 임명된 역사가위원회Historians' Commission는 나치 강제수용소를 기념하고 부수적으로는 소비에트 제2 특별수용소를 기념하도록 하며, 구동독 정부의 역사적 편향성으로 인해 크게 영향 받았던 전시는 새로 설계되도록 하였다. 또한, 1950~1990년 사이 조성된 부헨발트 강제수용소 메모리얼의 역사와 정치적 배경, 동독 정부에 의한 개념 및 국가선전을 위한 이용, 정치적 도구화 등에 대하여 밝히도록 하는 것을 포함한 가이드라인을 만들었다. 이를 토대로 현재의 메모리얼에 이르고 있다.[100]

1. Gate Building / Camp Gate
2. Muster Ground, Commemorative Plaque
3. Inmates' Canteen
4. Crematorium, Commemoration Room
5. Goethe Oak
6. Effects, Clothing and Equipment Depot buildings
7. Disinfection Station
8. Block 50. Hygiene Institute of the Armed SS
9. Little Camp. Memorial
10. Block 46. Epidemic typhus experimentation station
11. Wooden Barrack (1945) (re-erected in 1994)
12. Inmates' Infirmary. Commemorative Stone
13. Workshops, Formerly Special Camp (1939~40)
14. Block 17. Commemorative Stone
15. Special Camp for Soviet Prisoners of War
16. Workshops, Formerly Special Camp of the November
17. Isolation Barrack
18. Block 45. Commemorative Stone for Bulgarian inmate
19. Block 22. Jewish Memorial
20. Block 14. Memorial for Sinti and Roma
21. SS Troop Caserns, Commemorative Site
22. Commemorative Stone for the Women of Buchenwald Concentration Camp
23. Buchenwald Railway Station
24. Caracho Path
25. SS Zoological Garden
26. Deutsche Ausrustungswerke
27. Stable. Commemorative Stone
28. Ordnance Building, SS Brass Band, Transformer Station
29. Quarry
30. Ash Grave (1944~45)
31. SS Falcon Yard
32. SS Officers' Colony
33. SS Caserns
34. Graveyard, Special Camp No.2 (1945~50)
35. Commemorative Stones for Children and Adolescents

부헨발트 강제수용소 메모리얼 평면도

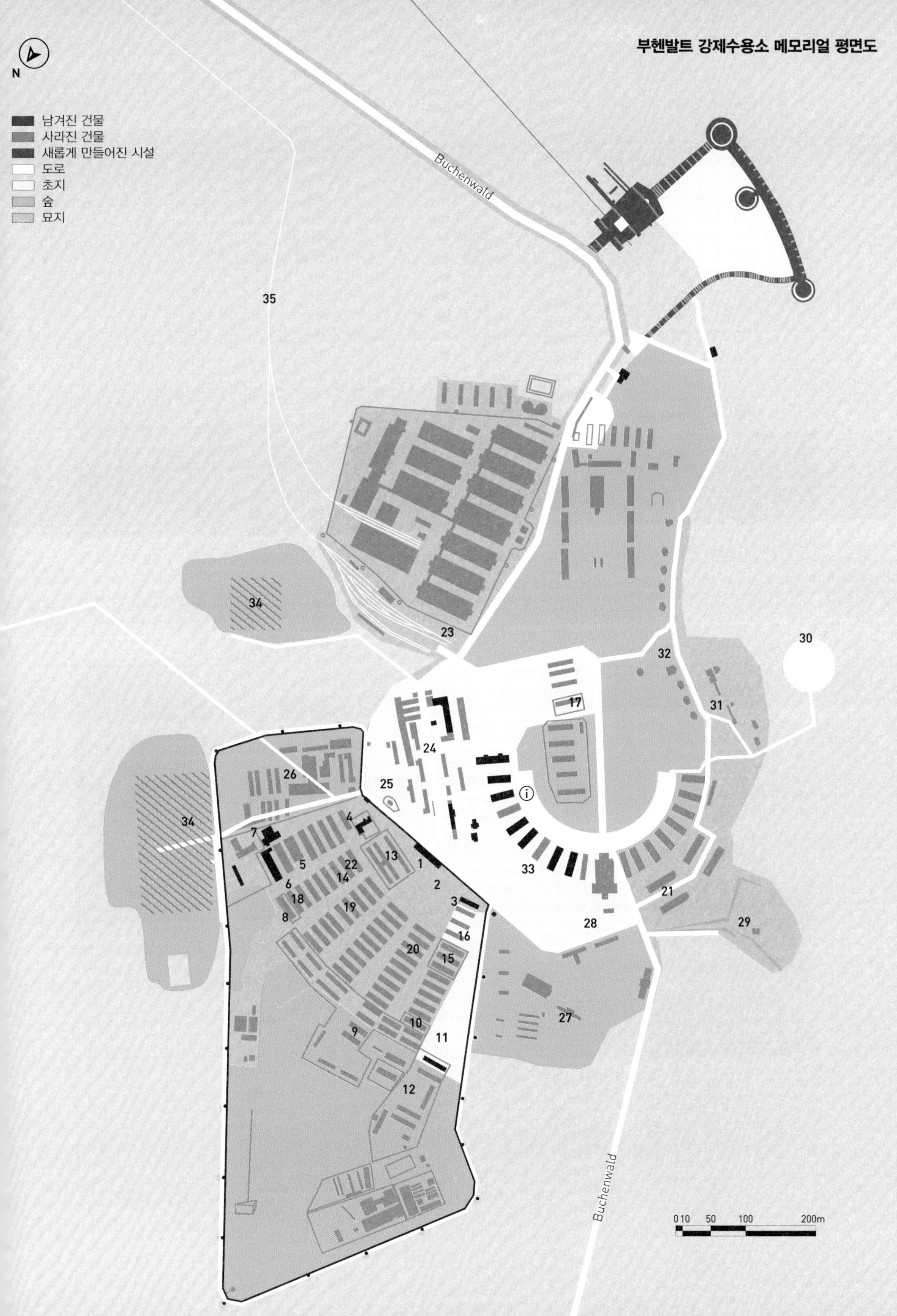

Information

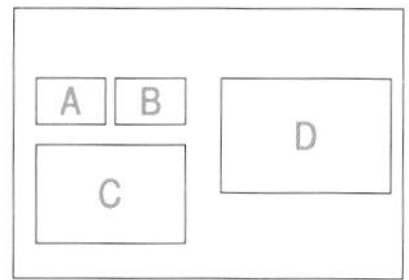

A **안내사무소**
B **나치 친위대 병영:** 원형으로 둘러싸인 나치 친위대 병영으로, 지금은 대부분 민간 숙박시설로 이용되고 있다.
C **나치 친위대의 옛 동물원(곰 우리)**
D **철도역과 화물창고:** 제2차 세계대전 중 전 유럽에서 끌려온 사람들이 바이마르 철도역을 거쳐 부헨발트 강제수용소로 이송되어 온 곳이다.

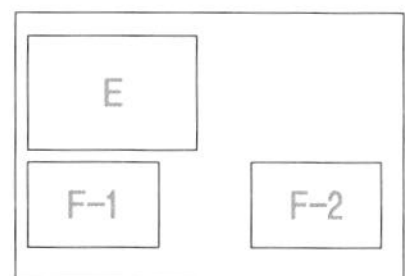

E **정문 건물(Gate Building):** 정문 위 시계는 미군이 도착한 3시 15분에 멈춰 있다. 입구 철문에는 "각자에게 제 몫을(Jedem das Seine)"이라는 글귀가 적혀 있다. 평등과 정의라는 보편적 권리를 나타내는 로마 격언이지만, 나치는 사회로부터 특정한 사람을 야만적으로 추방하는 것을 정당화하기 위해 오용하였다.

F-1 **창고 건물(Depot Building):** 개인물품과 옷가지 등을 보관했던 곳으로, 현존하는 가장 큰 건물이다. 새로 온 수감자는 방역시설(Disinfection Station)를 통과한 다음, 여기서 수감복·신발·식기를 받고 민간복과 소지품을 반납하게 된다. 2016년에 개장된 상설전시 「부헨발트: 배척과 폭력(Buchenwald: Ostracism and Violence) 1937-1945」는 2000m^2 규모의 공간에서 강제수용소의 역사를 보여 주고 있다.

F-2 **블록 45:** 나치 희생자인 불가리아인, 동성애자, 여호와의증인, 양심적 반대자 등이 추모되고 있다.

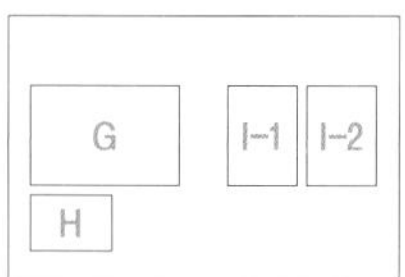

G **영안실:** 개방형 유골항아리(urn) 700병이 놓여 있다. 유해는 처음에 친척들에게 보내졌으나, 점차 수용소 밖에 내버려졌다.

H **화장장**

I-1, I-2 **수용소 감옥 및 1번 방:** 부헨발트에서 가장 심한 고문이 벌어진 곳으로, 1938년 2월부터 1945년까지 감방은 수감자들로 가득 찼다. 수용소 정문으로 들어와 왼쪽으로 감옥이 있으며, 1번 방(Cell 1, 사진 I-2)은 사형을 선고받은 수감자가 마지막 밤을 보냈던 곳이다.

DINGE
GESCHICHTEN

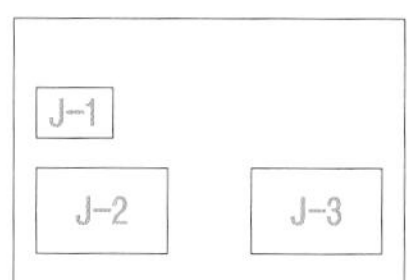

J-1 **방역시설이었던 곳에 만들어진 전시시설:** 1942~43년 전염병을 효과적으로 예방하고 관리할 목적으로 수감자들에게 목욕·소독 등을 굴욕적으로 시키는 과정이 진행되었다. 이곳에는 「Means of Survival - Testimony - Artwork - Visual Memory」라는 제목으로 나치의 국가사회주의 범죄에 의해 파괴된 삶, 생존과 증언을 보여 주고 있다. 전시공간은 '회고(Reminiscences)', '수용소의 예술(Art from Concentration Camps)', '조각과 기념 프로젝트(Sculptures and Memorial Projects)' 등으로 구분되는데, 200여 점의 수감자 작품과 소장품, 예술작품이 유화·소묘·조각·설치미술의 형태로 전시되고 있다.

J-2 **유제프 샤이나(Józef Szajna)의 실내 설치미술, 「Reminiszenzen」**

J-3 **소독용 체임버와 부헨발트 강제수용소 여성에게 바치는 청동상(Theo Balden & Will Lammert, 1957)**

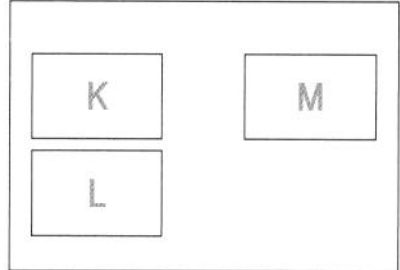

K **희생된 유대인 수용자를 기리는 기념표지석.** 앞쪽에는 유대인 막사가 있었다.

L **리틀 캠프(Little Camp):** 1942년 수용소 북쪽의 격리구역에 만들어진 '리틀 캠프'는 새로 도착한 수감자가 작업을 할당받기 전에 창고 다음으로 보내지는 곳이다. 막사는 원래 말 50필이 들어가는 마구간이었다. 아우슈비츠로부터 많은 이송자가 도착하여, 수용소 해방 직전 마지막 달에는 1,900명까지 수감되었다. 리틀 캠프는 유대인 어린이 수백 명을 수감한 '특별 블록'과 치명적 주사로 환자들을 살해한 '블록 61'을 포함한다. 동독 정부 시절에는 이곳에 관심을 두지 않았으나, 2002년에 비로소 뉴욕의 건축가 스티븐 제이콥스(Stephen Jacobs; Stefen Jakobowitz, 수감자번호: 87900)가 설계한 메모리얼이 만들어졌다.

M **복원된 목조 막사:** 수용소 북서쪽의 '리틀 캠프' 가까이 위치하여 수감자 의무실로 사용되었던 목조 막사로, 1950년대 해체된 후 1994년 메모리얼에 재조립되어 복원되었다.

Sinti und Roma victims of Nazi Holocaust
die Opfer des NS-Völkermords wurden

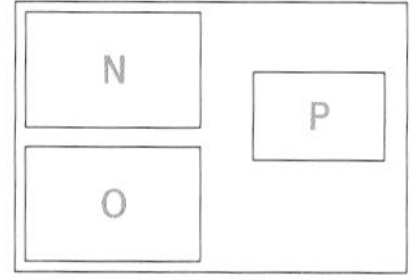

N **수용자 매점(Inmates' Canteen):** 수감자 가족이 보내는 재정적 지원을 착취하고자 나치 친위대가 운영하던 매점

O **신티 및 로마 모뉴먼트:** '블록 14'의 돌무더기와 작은 기둥들은 1945년 초 유대인들과 함께 부헨발트로 끌려온 신티 및 로마 수감자를 추모하기 위한 것이다.

P **수용소 울타리와 경비병 순찰로:** 수용소 경계에는 3m 높이의 전기철조망 울타리와 22곳의 감시탑이 있었다.

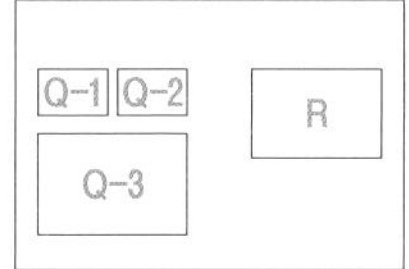

Q-1 **소련 제2 특별수용소 역사전시관:** 수용소 매장지 바로 맞은편에 1997년 개장하였다. 회색 건축물은 수용소에 흐르는 적막함과 고립감을 강조하고 있는 듯하다. 이곳에는 예술작품, 특별수용소에 관한 증언과 서류, 정치적 선전내용이 전시되어 있다.

Q-2 **십자가:** 소련 비밀경찰이 제2특별수용소를 만들었을 때 죽은 사람을 추모하는 십자가(Die Toten des Sowjetische Speziallagers 1945-1950)

Q-3 **작은 십자가:** 부헨발트 메모리얼에서 임시로 목재 십자가가 세워졌던 곳으로, 지금은 작은 십자가가 여럿 세워져 있다.

R **묘지구역:** 소련 특별수용소 구역으로 시설은 거의 남아 있지 않으나, 경사진 숲에서 공동묘지가 발견되었다. 1995년 이곳에 희생자를 나타내는 많은 스테인리스 기둥(stainless pole)이 세워졌다.

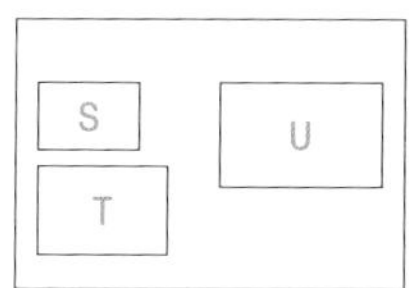

S **부헨발트 메모리얼 박물관(Museum zur Geschichte des Mahnmals Buchenwald):** 나치 국가사회주의 파시즘에 대한 영웅적 투쟁을 강조하고 있다. 수감자들의 물품 및 소장품과 수용소 경비들이 쓰던 고문 및 살인도구와 함께 전시되어 있다. 아울러 옛 병원이던 이곳에서 의학실험을 하던 것을 보존하여 가해자의 잔혹성을 잘 나타내고 있다.

T **독일민주공화국 메모리얼의 진·출입문(Gate)**

U **종탑(Bell Tower)과 조각:** 종탑의 높이는 150ft 정도로서, 내부에는 다른 강제수용소와 테러 현장에서 가져온 흙과 유해를 청동판이 덮고 있다. 앞의 조각은 1958년에 만들어진 자유와 빛을 상징하는 「수감자의 저항」으로, 전형적인 공산주의 양식의 청동조각이다.

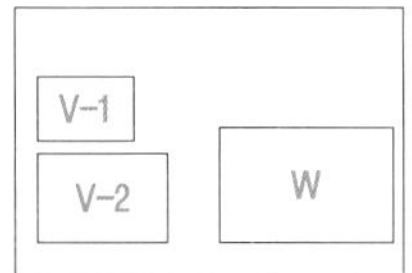

V-1, V-2 **링 그레이브스(Ring Graves)와 공동묘지:** 1945년 3월과 4월, 나치 친위대는 땅이 자연적으로 움푹 꺼진 3곳의 구덩이에 3천 구의 시신을 묻었다. 역설적으로 그 아래로 평화롭게 굽이치는 경작지가 펼쳐지며, 멀리 바이마르가 바라보인다.

W **국가의 길(Avenue of the Nations):** 세 곳의 링그레이브스(Ring Graves)를 연결하는 '국가의 길'에는 바르샤바조약기구[101] 가입 18개국의 이름이 새겨진 석조 탑문(塔門, pylon)이 세워져 있다. 그 상부에는 행사가 있을 때 불을 피우는 화로가 설치되어 있다. (건축가: 루드비히 다이테르스, 한스 그로테볼, 호르스트 쿠차트, 카를 타우젠드쉰, 후고 남슬라우어, 후베르트 마타스)

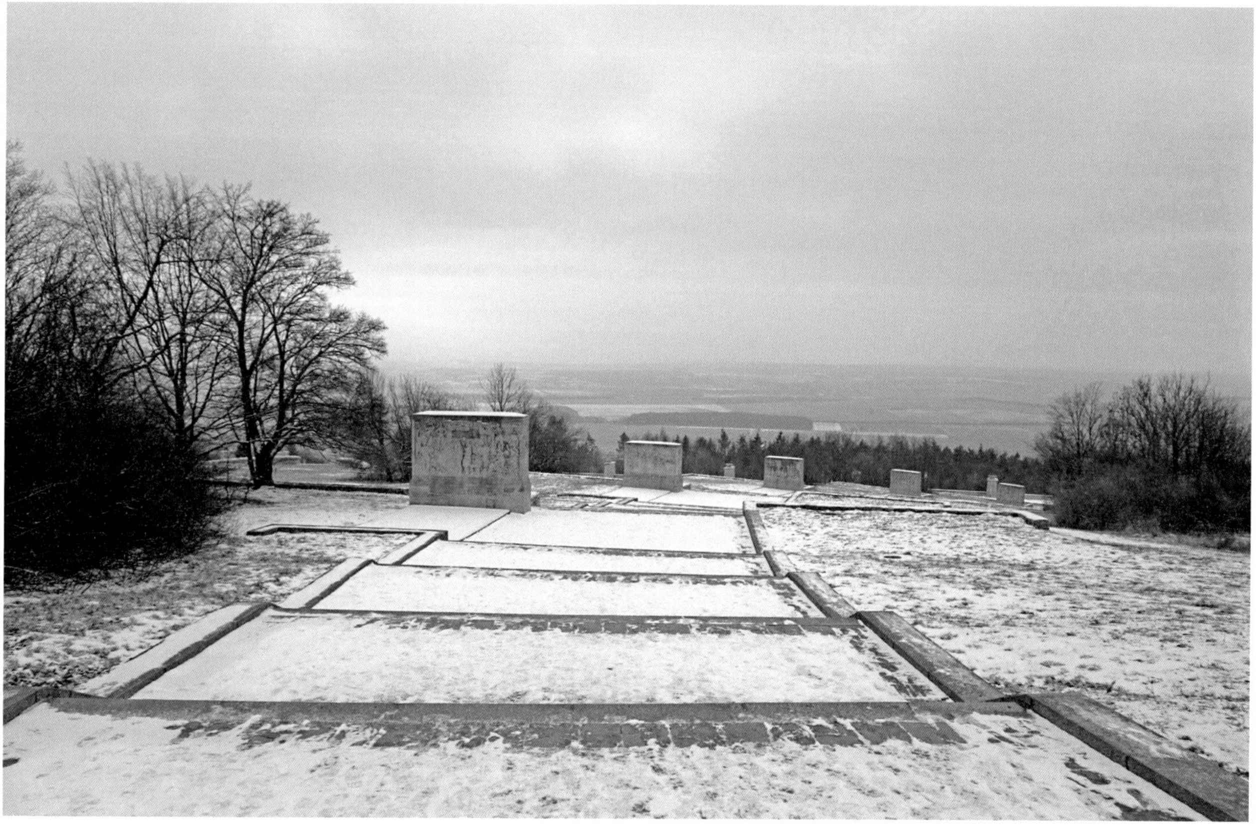

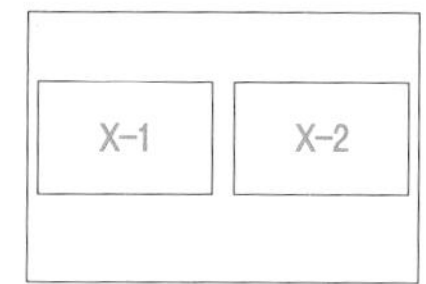

X-1 **커다란 입석판(立石板, Stele):** 정면에는 박해받던 수감자를 묘사하는 부조가 만들어졌고, 뒷면에는 간결하고 감명적인 시가 새겨져 그들의 용기에 대해 경의를 표하고 있다. (조각가: 레네 그라에츠, 발데마르 그르치메크, 한스 키스 / 시인: 요한네스 R. 베허)
X-2 **자유의 가로(The Street of Freedom):** 수용소에서의 삶을 부조로 묘사한 일곱 개의 입석판이 줄지어 세워져 있다.

미텔바우-도라 강제수용소 메모리얼

KZ Mittelbau-Dora Concentration Camp Memorial

KZ-Gedenkstätte Mittelbau-Dora

위치 Kohnsteinweg 20, 99734 Nordhausen, Germany
홈페이지 http://www.buchenwald.de/en/29/

터널: 도로 주변으로 커다란 미텔베르크 산업지구(Mittelwerk Industrial Zone)가 있으며, 도로의 북쪽 측면에는 지하단지로 연결되는 2개의 운송터널이 있는데, 놀랄 만큼 큰 규모의 터널이 네트워크를 이루고 있다. 내부에는 로켓 생산을 위한 시설과 잔해가 남겨져 있다.

미텔바우-도라[102]는 제2차 세계대전의 마지막 단계에서 무기를 생산하는 데 수감자 노동력을 이용하려고 만들어진 수용소 중에 규모가 가장 컸다. 페네뮌데Peenemünde에서 하르츠산Mt. Harz으로 로켓 생산시설을 이전하기 위해, 수감자들은 산에 터널을 굴착하고 V-2 로켓 제작과 항공기 공장 건설에 동원되었다. 수감자 대부분은 시공현장에서 힘든 강제노동을 하도록 강요받았으며, 쇠약한 수감자는 굶주림과 과도한 노동으로 죽거나, 저항과 태업 행위 등으로 게슈타포와 나치 친위대에 의해 살해되었다.

1945년 초 나치 친위대는 동유럽에 있는 아우슈비츠와 그로스-로젠 강제수용소를 청산하면서 1만6천 명이 넘는 굶주린 수감자를 미텔바우로 데려왔으며, 아우슈비츠 나치 친위대 1천 명이 함께 왔다. 아우슈비츠의 마지막 사령관이었던 나치 친위대 소령 리하르트 바에르Richard Baer는 1945년 2월 미텔바우-도라 수용소의 책임자가 되었다.

1945년 4월 초순 서쪽에서 미군이 접근하고 있을 때, 나치 친위대는 미텔바우 수용소를 포기하고 철도나 도보를 통해 베르겐-벨젠 등 다른 수용소로 수감자들을 이송하였다. 수천 명이 이 '죽음의 행진' 과정에서 죽었다. 오직 수백 명의 환자와 죽어가는 수감자들이 도라 수용소와 노르트하우젠Nordhausen에 있는 수용소에 남겨졌으며, 살아남은 이들은 1945년 4월 11일 미군에 의해 마침내 해방되었다. 1943년 8월부터 1945년 4월 사이에 나치 친위대는 전 유럽에서 미텔바우-도라 강제수용소로 6만 명 이상을 이송하였으며, 그중 적어도 3분의 1은 수감생활 중 죽었다.

전쟁이 끝난 후 미군은 도라 수용소를 해방된 노동자들의 숙소로 사용하다가, 1945년 7월 시설을 소련에 넘겼다. 1945년 말부터 1946년 말까지 마지막으로 머무르던 노동자와 수감자들이 그들의 고국이나 다른 나라로 이민을 간 후, 동독 정부는 수용소에 체코슬로바키아 난민을 수용하였으며, 뒤이어 그들은 수용소 막사를 해체하고 생활을 위한 구역을 다시 만들었다.

1947년 여름, 도라 캠프에는 남은 것이 거의 없었다. 기념시설로 사용할 만한 것은 오직 화장장뿐이었다. 1950년대 초, 첫 번째 모뉴먼트가 화장장 앞 광장에 세워졌다. 1964년 이후로 수용소 부지는 '도라 메모리얼Mahn- und Gedenkstätte Dora'로 지정되었지만, 동독 정부 말기까지 부헨발트나 작센하우젠 같은 국가적인 메모리얼보다는 덜 중요하게 취급받았다.

독일 통일에 이어 1990년대 초반, 오랫동안 방치되던 수용소 부지에 비로소 관심이 커졌다. 메모리얼을 만들려는 종합적인 과정이 추진되면서, 옛 수용소 부지에 대한 조사가 진행되고 민간의 접근도 가능해졌다. 1995년에는 1947년 소련 당국이 폭파해 폐쇄된 터널시설 구역을 방문객에게 다시 개방하였으며, 2005년 새로운 박물관이 준공되었다. 2006년부터는 수용소 역사를 주제로 한 상설전시를 시작하였고, 동시에 특별전시를 개최하여 방문객들이 다양한 방법으로 미텔바우-도라 강제수용소의 역사를 이해할 수 있게 되었다.[103]

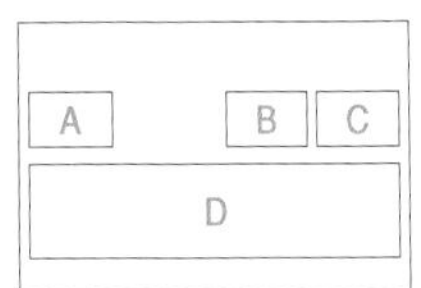

A **수용소 입구:** 도라 수용소는 임시로 만들어져 입구건물이 없다. 지금은 1970년대에 세워진 두 개의 콘크리트 기둥과 철망으로 된 문이 있다.

B, C **박물관:** 상설전시와 기획전시를 통하여 수용소에 대한 정보를 제공한다. 박물관 앞에는 수용소 모형이 전시되어 있다.

D **수용소 중심로와 전경:** 중심로 좌측으로 점호광장과 국가별 기념공간이 보이고, 전방으로는 수감자 구내식당, 취사동, 음식저장창고가 있었던 자리로 현재는 기초부만 남아 있다. 우측으로는 경사 지형에 소방서 자리와 재건축된 막사가 보이며, 그 뒤로 화장장이 있다.

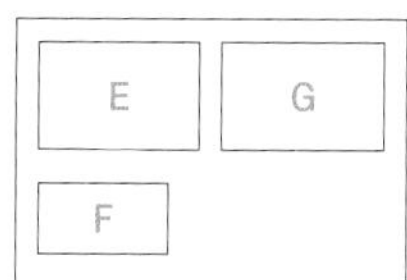

E **나치 친위대 초소와 방공호(Shelter):** 나치 친위대가 수용소 입구를 지키거나 공습에 대피하기 위해 사용했던 곳으로, 1974년에 재건축되었다.

F **소방용 연못**

G **소방서와 복원된 막사:** 사진 오른쪽의 목조 건물은 1991년 옛 강제노동 막사에서 얻은 재료를 활용하여 재건축한 것으로, 수용소의 첫 번째 박물관으로 사용되었다. 왼쪽의 벽돌조 건물은 수용소 소방서인데 튼튼해서 파괴되지 않았으며, 현재는 특별전시장으로 쓰인다.

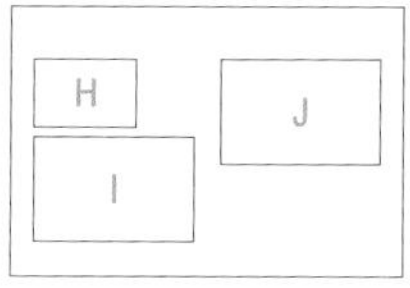

H, I **국가별 기념공간과 점호광장:** 1974년 옛 점호광장에 자갈이 포설되었다. 경계석 역할을 하는 「Stone of the Nations」는 미텔바우-도라에 이송된 수감자들의 21개 국가를 나타낸다.

J **운동장:** 앞에는 운동장이 있고, 그 뒤쪽 멀리 수감자들이 수용소 막사를 수리할 때 사용했던 목공소가 있다. 사진 왼쪽에는 나치 친위대가 수감자를 고문하고 살해했던 수용소 감옥의 일부가 보인다.

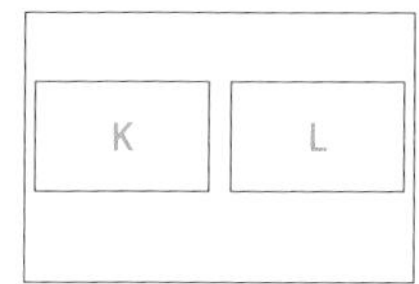

K **화장장:** 숲속의 굽은 길을 따라가다 보면, 1944년 여름부터 1945년 4월까지 약 5천 구 시신을 화장했던 화장장이 나타난다. 나치 친위대는 화장한 유해를 건물 뒤편의 사면에 쌓았다.

L **화장장 앞 청동군상:** 1964년 위르겐 폰 보이스키(Jürgen von Woyski)의 작품으로, 원래는 아우슈비츠에 기증할 목적으로 만들었다. 하지만, 5명의 병약한 수감자들 손이 묶여 있어 희망이 없는 모습이고 영웅적인 조각상이 아니라는 이유로 이곳에 설치되었다.

TODESMARSCH

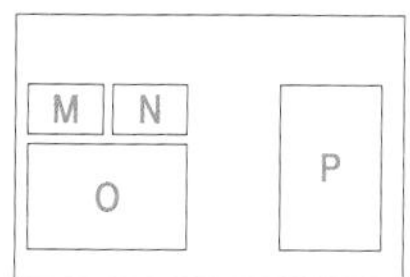

M **수용소 운반차(wagon):** 수감자를 실어 나르던 가축용 운반차
N **'죽음의 행진' 지도를 나타내는 모뉴먼트**
O **철도역:** 수감자들이 다른 수용소로부터 이송되어 도착했던 곳이었으며, 로켓공장의 화물역으로도 사용되었다.
P **초르게 철교(Zorge Bridge):** 철도망을 수용소로 연결하던 옛 철교의 교각(橋脚)이 보인다.

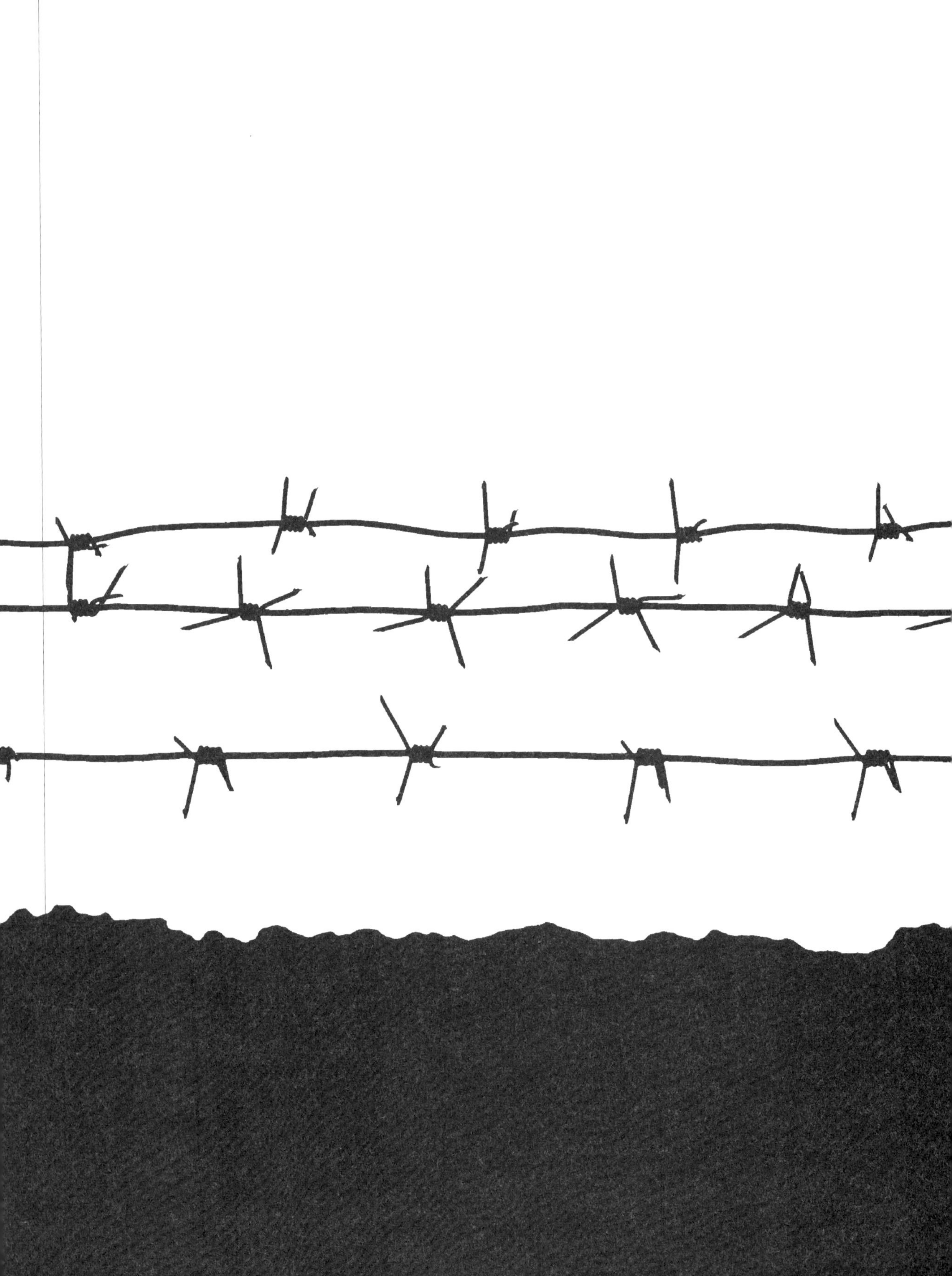

4

폴란드에 있는 수용소 메모리얼

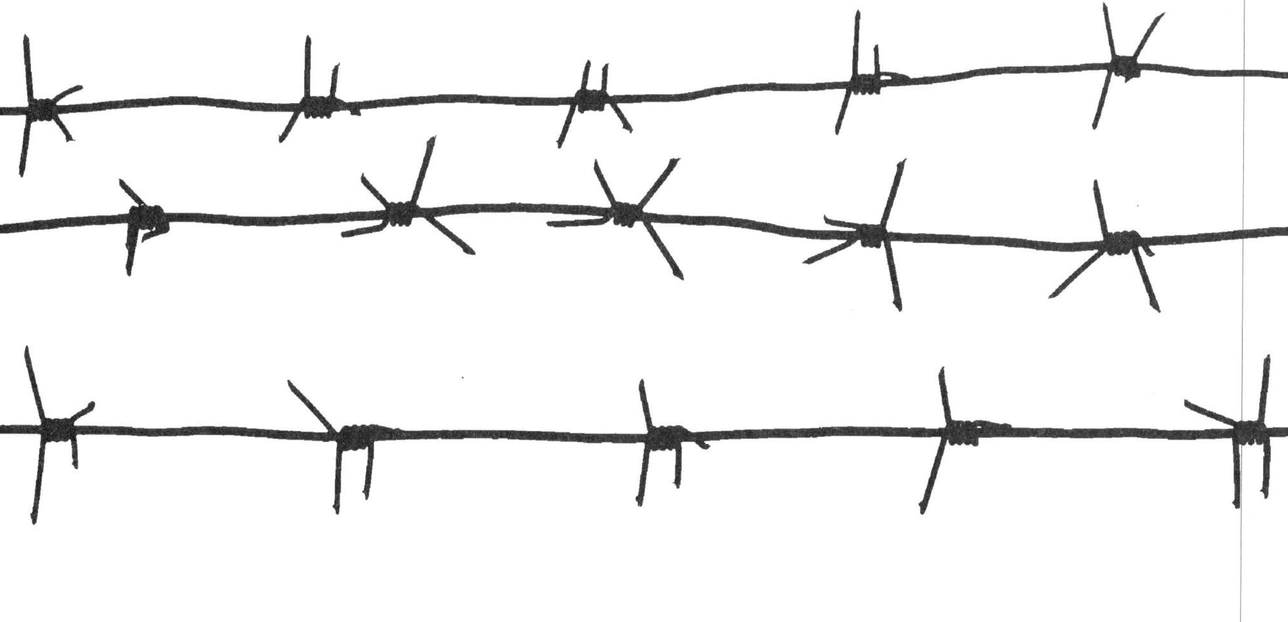

아우슈비츠-비르케나우 절멸수용소 메모리얼

소비보르 절멸수용소 메모리얼

베우제츠 절멸수용소 메모리얼

마이다네크 강제·절멸수용소 메모리얼

트레블링카 절멸수용소 메모리얼

헤움노 절멸수용소 메모리얼

플라스조프 강제수용소 부지 메모리얼

포즈난 포트 VII 감옥 메모리얼

아우슈비츠-비르케나우 절멸수용소 메모리얼

Memorial Place and Museum Auschwitz-Birkenau
Miejsca Pamięci i Muzeum Auschwitz-Birkenau

위치 Więźniów Oświęcimia 20, 32-603 Oświęcim, Poland

홈페이지 http://www.auschwitz.org

비르케나우 수용소 철로와 유대인 플랫폼(Judenrampe): 희생자들 대부분은 며칠에 걸쳐 화물열차로 이송된 후, 아우슈비츠 수용소와 비르케나우 수용소 사이의 철로 끝에 있는 유대인 플랫폼에 하차하였다. 바로 이곳에서 나치 친위대와 의사는 그들을 남성과 여성 및 아이로 구분하였고, 그중 노동하기에 건강한 사람을 가려냈다.

폴란드[104] 옛 수도 크라쿠프에서 서쪽으로 약 50km 떨어진 작은 도시 오시비엥침Oświęcim은 1939년 제3제국에 포함되면서, 나치에 의해 아우슈비츠로 이름이 바뀌었다. 힘러의 지시에 따라 1940년 늦은 봄, 폴란드 병영 부지로 사용되던 곳을 강제수용소로 지정하였으며, 수용소 가까이 거주하던 사람들을 이주시키면서 이곳을 외부 세계로부터 고립시켰다. 수용소가 되고 난 첫해에는 대부분 폴란드 정치인, 지식인, 예술인들이 이곳에 수감되었다.

1941년, 나치는 아우슈비츠 수용소와 인접한 비르케나우 마을에 합성고무를 생산하는 공장 건설에 필요한 노예 노동자를 공급할 목적으로, 대규모 비르케나우 수용소 또는 아우슈비츠II 수용소를 새로 만들었다. 첫 가스실은 '라인하르트 작전' 이전인 1941년 가을에 아우슈비츠 메인캠프아우슈비츠I 안에 건설되었으며, 이때까지 유대인의 학살은 그리 많지 않았다.

1943년 비르케나우 수용소에 가스실과 화장장이 만들어지고 다른 절멸수용소가 폐쇄되면서, 이곳에서는 1944년까지 대량학살이 발생하였다. 유럽대륙의 철도네트워크 중심에 위치했던 아우슈비츠 수용소는 나치가 세운 가장 큰 절멸수용소로서, 가장 많은 사람이 학살된 비극의 현장이 되었다.

수감자 대부분은 며칠에 걸쳐 화물열차로 이송된 후, 아우슈비츠I 수용소와 비르케나우 수용소 사이의 철로 끝에 있는 유대인 플랫폼Judenrampe에 하차하였다. 이곳에서 바로 남성과 여성 및 아이들을 별도로 구분한 후, 나치 친위대 의사[105]와 대원은 노동하기에 건강한 사람만을 가려내 수용소로 보내고, 남은 사람은 가스실로 데려가 학살했다. 시신은 존더코만도Sonderkommando[106]에 의해 화장되어 유골과 재로 처리되었다. 수용소를 더욱 확장하려는 계획이 있었으나, 1944년 여름 붉은 군대가 진격해 옴

아우슈비츠II-비르케나우 수용소 플랫폼에 도착한 유대인 [출처: 워싱턴 DC 홀로코스트 기념관(야드바셈 세계 홀로코스트 기념센터 제공)]

에 따라 취소되었다. 1944년 10월 다수의 존더코만도가 수용소 내에서 봉기를 일으키고 잔혹한 학살이 외부에 알려지면서, 국제 사회로부터 경고가 이어졌다. 나치 친위대는 비르케나우 수용소에 있는 가스실, 화장장, 기타 시설 및 서류를 파괴하였으나, 그들의 급박한 상황 덕분에 수용소 시스템이 물리적으로 크게 손상되지는 않았다. 1945년 1월 27일[107] 붉은 군대가 수용소에 도착하였고, 7천여 명 정도의 수감자가 해방되었다.[108]

마이다네크 강제수용소처럼 아우슈비츠 수용소도 전쟁 직후 소비에트 군인이 잠시 사용하였으나, 1947년에 박물관으로 바뀌었다. 아우슈비츠와 비르케나우 수용소를 홀로코스트 메모리얼로 영원히 보전하기 위해 '오시비엥침-브제진카 주립박물관Oświęcim-Brzezinka State Museum'이 만들어졌다. 수용소 건물과 환경을 보전하고, 과학적이며 공개적으로 아우슈비츠 수용소에서 있었던 인종학살의 증거와 자료가 수집되었다. 1999년 아우슈비츠-비르케나우 주립박물관Auschwitz-Birkenau State Museum in Oświęcim으로 이름을 변경하고, 건물을 포함한 지역, 장소성이 있는 인종학살 흔적과 폐허, 가스실과 화장장 폐허, 나치 의사가 수감자를 선정한 장소, 가스실로 가는 길, 가족이 죽음을 기다리는 곳, 사형집행 장소 등을 주요한 보전대상으로 선정하여 장소적 기억을 찾기 위해 노력하였다.[109]

이곳에서 홀로코스트는 매우 큰 사회적 담론을 형성하였다. 1944년 여름, 게슈타포[110]가 많은 기록을 파기해서 정확한 사망자 수는 알려지지 않고 있었는데, 110만 명 이상으로 추산되고 있다. 한편 소련은 의도적으로 죽은 사람들의 숫자를 부풀려 정치 선전의 도구로 사용하였다.[111] 공산주의자들은 희생자 대부분이 폴란드인과 러시아인이고 유대인의 특별한 피해를 강조하지 않았으며, 파시스트의 잔인한 살인으로부터 슬라브족을 구원한 공산주의자들의 정당성을 부여하고자 하였다. 1989년 이후부터 아우슈비츠 수용소는 유대인, 폴란드인, 집시 등이 겪은 극도의 고통과 희생을 대표적으로 상징하는 곳이 되었다.[112]

아우슈비츠 Ⅰ 수용소에서는 수감자 막사, 화장장, 점호 장소, 사형장 등 주요한 장소 및 시설을 보전하는 데 초점을 두었기 때문에, 새로운 기념물의 설치는 제한적이었다. 1947년 이후, 이곳이 유럽의 유대인을 대량으로 절멸하기 위한 중심지였다는 것을 강조해 왔으며, 수용소의 건물 유적과 외부 경관을 통하여 비극적 역사를 기억할 수 있도록 하였다.

1957년 아우슈비츠 국제위원회International Committee of Auschwitz는 '수용소 희생자의 모뉴먼트Monument of the Camp Victims'를 건립하기 위한 공모전을 개최하였고, 공모전에는 추상 및 구상, 모더니즘 등 조각가와 건축가들의 작품이 출품되었다. 예술가 및 비평가들은 일반적으로 설계에 찬성하였지만, 생존자들은 분노하였다. 그들은 "우리가 추상적으로 고문당하고 학살되지 않았다"는 의견을 강하게 제시하였으며, 그들의 혹

나치 학살의 증거를 사진으로 전시

독한 경험을 가능한 한 사실적으로 표현하도록 요구했다. 치유와 화해를 놓고 해법이 갈린 것이다. 오랜 논란 끝에 심사위원장 헨리 무어Henry Moore는 3개 팀을 선정하여 절충안을 만들도록 하였다. 그 결과로 1967년 아우슈비츠-비르케나우 수용소의 철로 끝에 열列 지어진 석판과 입체적 형태의 석탑으로 구성된 모뉴먼트가 설치되었으며, 생존자들과의 협의 과정은 기억의 예술에 있어 어려운 난제를 풀어낸 교훈이 되었다.[113]

아우슈비츠-비르케나우 박물관에서는 1947년 설립된 이후로 수용소 유적을 보호하기 위해 연구 및 보전, 교육, 출판뿐만 아니라 관련 자료의 수집과 기록을 보관하려는 노력을 해 오고 있다. 재단을 통하여 독일, 미국, 폴란드, 프랑스, 오스트리아, 영국, 네덜란드 등 여러 국가에서 재정적 후원을 받아 운영되고 있으며, 경비초소·막사 등 시설을 보수하고 보존하는 데 힘쓰고 있다. 아울러 수용소 해방 기념식 등 홀로코스트와 관련된 다양한 기념행사 및 세미나, 전시회를 개최하고 있어, 대표적인 홀로코스트 메모리얼이 되고 있다.

Key-Map

N
Auschwitz II
- Birkenau
Auschwitz I
남겨진 건물
사라진 건물
새롭게 만들어진 시설
도로
초지
숲

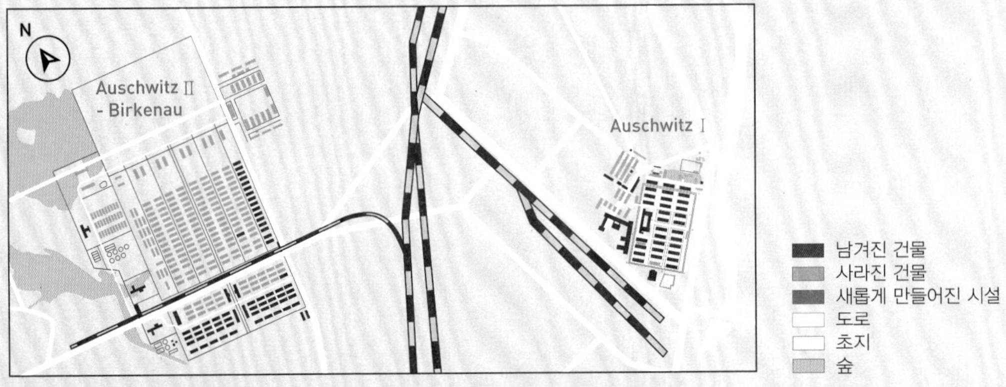

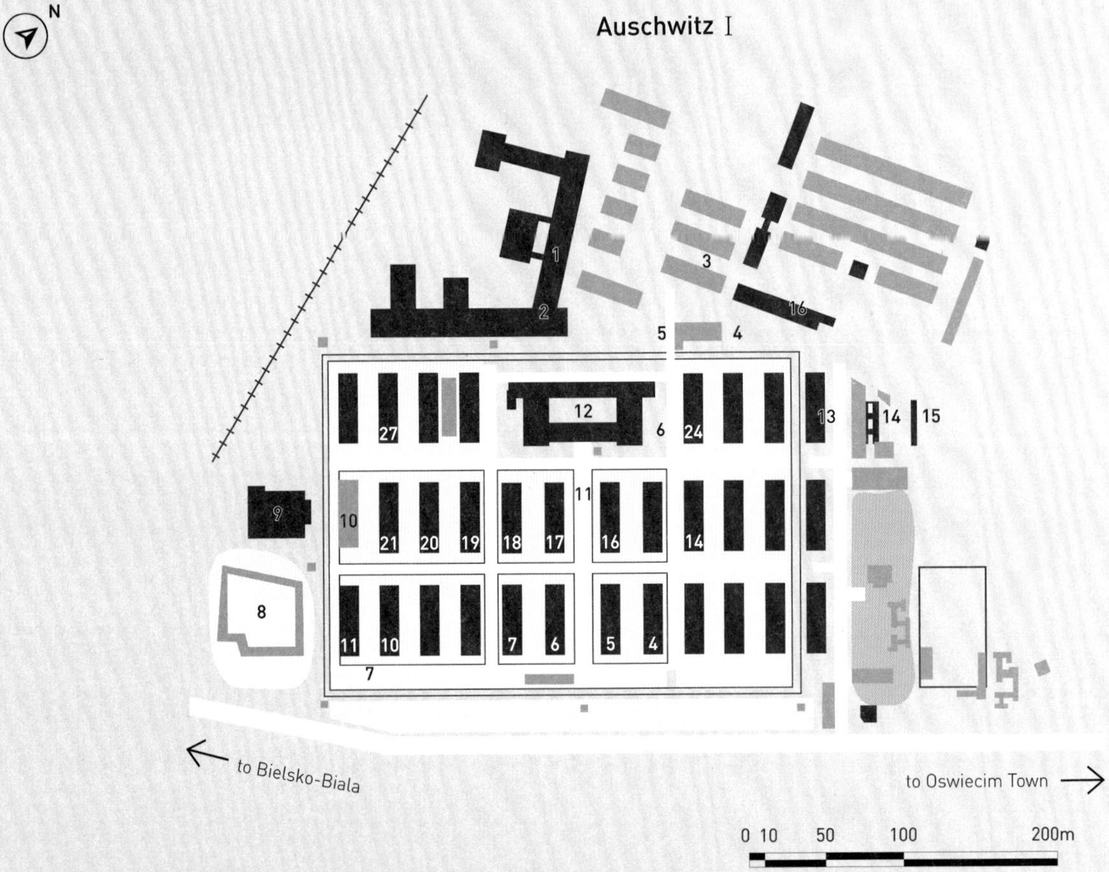

N
Auschwitz I
to Bielsko-Biala
to Oswiecim Town
0 10 50 100 200m

아우슈비츠 I 수용소 메모리얼 평면도

1. Entrance
2. Reception Building for New Prisoners
3. Stores, Warehouse, Workshops
4. SS Guardroom
5. Entrance Gate Inscribed
6. "Arbeit Macht Frei (Work Makes You Free)"
7. Place Where Camp Orchestra Played
8. Wall of Death, Where Prisoners were executed by shooting gravel pit, site of executions
9. Warehouse for Belongings Taken from Deportees (Poison gas canisters were also stored here)
10. Laundry
11. Assembly Square (Appelplatz)
12. Camp Kitchen
13. SS Hospital
14. Gas Chamber and Crematorium (Crematorium I)
15. Political Section (Camp Gestapo)
16. SS Garages, Stables and Stores

아우슈비츠II-비르케나우 절멸수용소 메모리얼 평면도

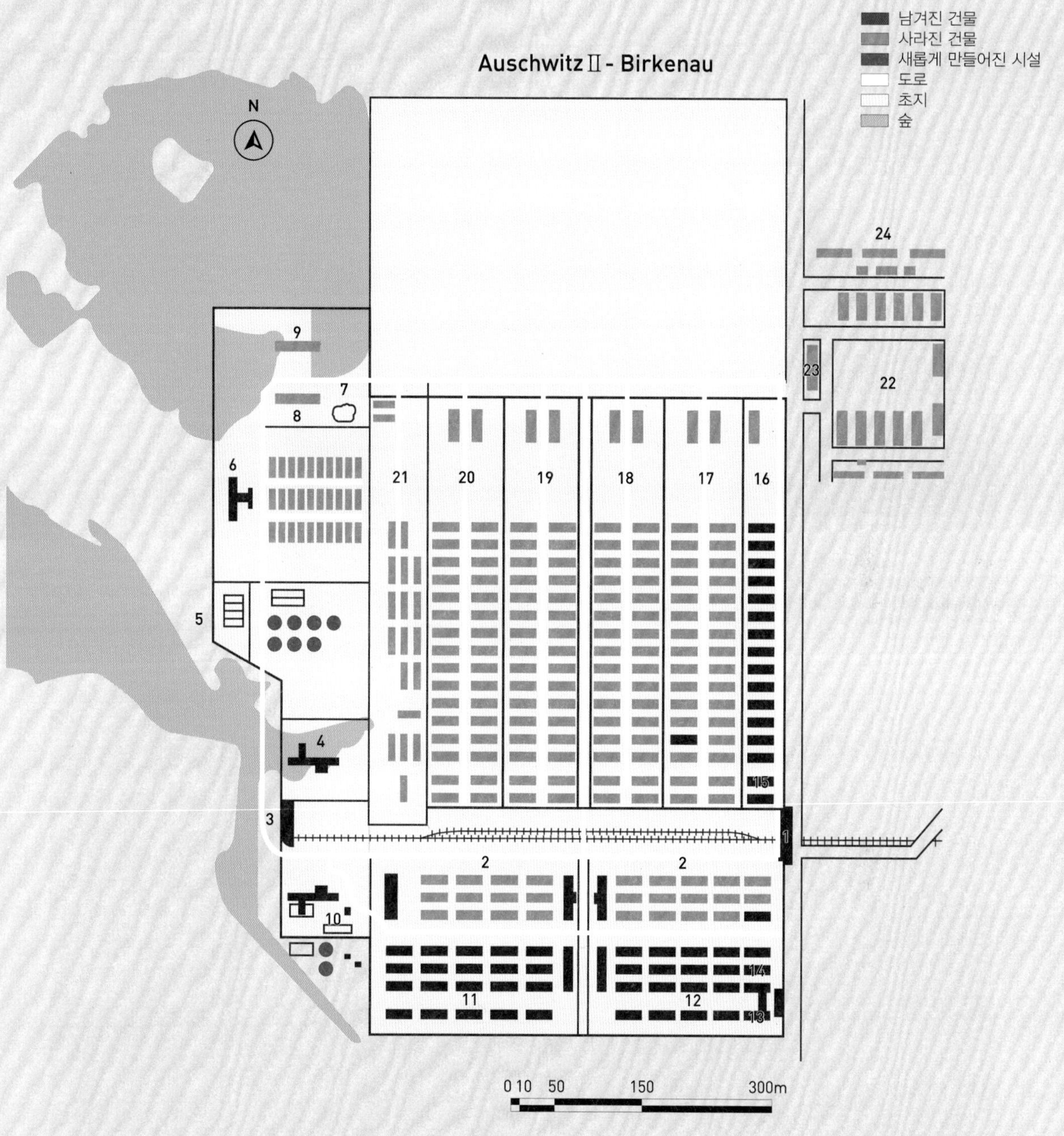

1. Guard House - "Death Gate"
2. Women's Camp
3. International Monument to the Victims of Auschwitz
4. Gas Chamber and Crematorium III
5. Foundations of One of the Two Original Temporary Gas Chamber
6. Sauna Bathhouse
7. Pond with Ash
8. Gas Chamber and Crematorium IV
9. Gas Chamber and Crematorium V
10. Gas Chamber and Crematorium II
11. Block "B"
12. Block "A"
13. Potato Store
14. Block 25 "Death Block"
15. Registration Office Main SS
16. Quarantine Camp
17. Czech Camp
18. Hungarian Camp
19. Men's Camp
20. Gypsy Camp
21. Medical Block
22. SS-Headquarter
23. Commandant's Office
24. SS Barracks

INFO
INFO

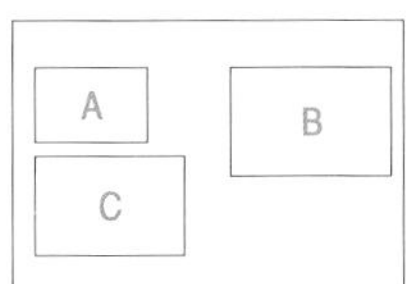

A, B **아우슈비츠 I 수용소 입구와 정문:** 수용소 입구로 들어와 오른쪽의 정문 위에는 "Arbeit Macht Frei(노동이 너희를 자유케 하리라)"라는 잘 알려진 문구가 보인다. 독일 철학자인 로렌츠 디펜바흐(Lorenz Diefenbach)의 1873년 소설에서 따온 표현으로, 19세기 후반부터 독일국가주의자동맹(German Nationalist Circles)에서 사용하였고, 바이마르 정부에서도 공공노동 프로그램을 장려하기 위해 가져다 썼다. 나치는 수감자 노동을 착취하려는 의도로 수용소의 상징적 슬로건으로 사용하였다.

C **아우슈비츠-비르케나우 주립박물관:** 아우슈비츠 수용소에는 1947년부터 박물관이 설립되어 역사적 자료의 발굴 및 보전, 부지 및 시설의 보전, 방문객 안내를 하고 있다.

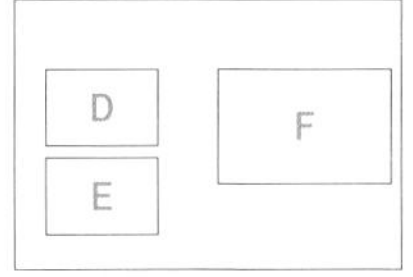

D **수용소 건물:** 수용소 내부는 막사 건물을 유지한 채 가운데 축을 중심으로 건축적 경관을 형성하고 있다.
E **루돌프 회스가 처형된 교수대**
F **죽음의 벽(Death Wall):** 10번과 11번 블록 사이의 마당에 있는 사형장. 이곳에서 많은 폴란드 정치범과 소비에트 수감자가 총살되었다.

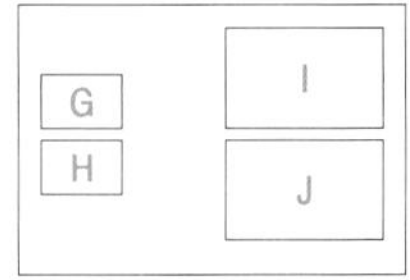

G 가스실에서 수감자들을 살해하는 데 사용된 살충제인 '치클론 베(Zyklon B)'
H 처형된 수감자들의 의족과 목발
I 가스실과 화장장 모형
J 가스실과 화장장

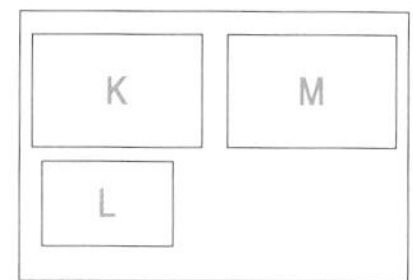

K **비르케나우 수용소의 정문**
L **비르케나우 수용소의 부서진 화장장과 가스실:** 잔혹한 학살이 일어난 수용소 경관을 잘 보여 준다.
M **수용소 희생자의 모뉴먼트:** 1967년 비르케나우 수용소 메모리얼의 중심축 끝단에 수용소 희생자를 기리기 위해 건립된 모뉴먼트이다. 20개의 기념명판(Memorial Tablet)이 있는데, 폴란드 공산주의 정부가 무너진 후 사망자 수를 과장한 명판은 제거되었다.

소비보르 절멸수용소 메모리얼

Museum and Memorial in Sobibor, the Nazi German Extermination Camp

Muzeum i Miejsce Pamięci w Sobiborze, Niemiecki Nazistowski Obóz Zagłady

위치 Żłobek 101, 22-200 Włodawa, Poland

홈페이지 http://www.sobibor-memorial.eu

마우솔레움: '유해의 산'으로 불리는 커다란 피라미드 구조물이 압도적인 규모로 위치하고 있다.

소비보르 절멸수용소는 블로다바Włodawa의 전원지역인 소비보르 마을 주변의 수림지역에 위치하였다. '라인하르트 작전'을 위해 베우제츠Bełżec에 이어서 두 번째로 건설된 절멸수용소로, 1942년 5월부터 1943년 10월까지 운영되었다.

나치는 1942년 3월부터 헤움-브로다바Chełm-Włodawa 철도선 서측에 약 58ha의 숲을 세서하여 수용소를 건설하였다. 1942년 4월 하순에는 수용소의 모든 지역에 2.5m 높이의 삼중 철망으로 울타리를 치고 감시탑을 세우면서, 바깥쪽에는 전나무를 식재하여 수용소 내부와 감시시설이 보이지 않게 위장하였다.

T4 안락사 프로그램의 운영 경력이 있던 프란츠 슈탕글Franz Stangl의 지휘 아래 살인적 행위가 시작되면서, 작전의 첫 단계인 1942년 5월 상순에서 7월 하순까지 제3제국에서 온 10만 명에 가까운 사람이 죽었다. 철도선을 보수하고 가스실을 증설하기 위해 새로운 건물을 지으면서 학살이 잠시 중단되었는데, 이때 슈탕글은 트레블링카Treblinka로 자리를 옮겼고, 프란츠 라이히라이트너Franz Reichleitner가 후임자로 오게 된다. 대규모 이송은 1942년 10월에 곧 재개되었다. 총독부 관할 지역에서 많은 수의 유대인이 감소하면서, 1943년 초에 힘러는 비르케나우 수용소의 부담을 줄이고자 프랑스와 네덜란드에서 소비보르 수용소로 수감자들을 이송[114]하도록 지시하였다.

1943년 9월 빌뉴스Vilnius와 민스크Minsk를 포함한 소련 지역에서 게토를 청산하면서 마지막 대규모 이송이 진행되었다. 이러한 과정을 거쳐 소비보르 수용소에서는 폴란드, 독일, 오스트리아, 체코공화국, 슬로바키아, 프랑스, 네덜란드, 루마니아, 헝가리, 벨기에, 벨라루스 등에서 온 18만 명이 넘는 유대인이 살해된 것으로 추정된다.

1943년 7월 하순, 숲속에서 집단으로 작업하던 수감자 8명이 그들의 감독관을 술에 취하게 하여 죽이고 달아났다. 이들의 성공은 다른 수감자들에게 중요한 심리적 자극이 되었으며, 늦여름 조직화한 지하활동이 진행되었다. 수감자 중에서 민스크에서 온 유대계 붉은 군대의 포로인 알렉산더 페체르스키Alexander Pechersky가 1943년 10월 14일 개인적으로 나치 친위대원을 캠프 I에 있는 막사로 꾀어낸 뒤, 그들을 죽이고 획득한 무기로 수용소에서 탈출하는 길을 확보하였다. 수감자 700명 중 300명이 숲속으로 달아났으며, 남은 사람은 수용소 안에서 총살되었다. 수용소를 둘러싼 광산지역의 특성 및 나치 친위대의 수색으로 인해, 탈출자 중에서 46명만 살아남아 저항활동을 계속하였다. 소비보르 수용소에서 저항과 탈출은 영화와 드라마의 소재로 활용되기도 하였다.

이러한 봉기로 나치 친위대는 소비보르를 정규적인 강제수용소로 전환하려는 계획을 중단하였고, 시설을 바로 폐쇄하였다. 나치 친위대는 인종학살의 증거를 숨기기 위해 가스실을 없애고 철조망과 막사를 해체하였으며, 그곳에는 소나무를 심었다.

1960년대에 들어서면서 소나무를 벌목하고, 희생자 유해 및 가스실 흔적과 구부러진 '죽음의 길' 등을 발굴하였다. 이어서 소비보르 수용소에는 1965년 미에슬라프 펠터Mieczysław Welter에 의해 소비보르 희생자를 기리는 「어린아이를 안은 여인상」 조각과 가스실을 암시하는 모뉴먼트가 처음으로 세워졌다.

소비보르 수용소 수감자들의 봉기 50주년인 1993년에 수용소를 추모공간으로 만들기 위한 변화가 있었다. 메모리얼 부지에는 강제수용소로 운영되던 당시 수용자들이 가스실로 끌려가던 이 죽음의 길에 '회고의 길'을 만들었으며, 이 길의 양편에는 희생자 이름을 적은 자연석이 놓이고, 길이 끝나는 부분에 기념표지석이 세워졌다. 이곳을 지나면 대량학살이 벌어진 장소에 도달하게 되는데, 발굴된 유해를 봉안한 피라미드 형태의 마우솔레움Mausoleum이 세워져 있다. 주변은 학살의 흔적을 숨기기 위해 심어

진 소나무로 둘러싸여 있다.[115]

소비보르 수용소 메모리얼은 베우제츠 수용소 메모리얼과 대조적으로 주변에는 소나무 등으로 조림된 숲으로 둘러싸여 있어 자연경관이 지배적이며, 시간에 따른 망각의 느낌을 강하게 준다. 2000년부터 고고학적 발굴 및 연구가 진행되었고, 2012년 5월에는 소비보르는 마이다네크 국립박물관의 부속 메모리얼이 되었으며, 최근에는 박물관이 새롭게 만들어졌다.

철로와 플랫폼: 철로는 본래 있었던 것이지만, 플랫폼은 전쟁 후에 만들어졌다. 소비보르는 벨라루스와 우크라이나 국경에 가까이 있기 때문에 접근이 어려우며, 저자가 현지조사를 할 때도 국경을 감시하는 보안요원을 만나기도 하였다. 아울러 네덜란드에서 온 방문객을 만난 것은 이곳에서 희생된 사람들과 무관치 않다.

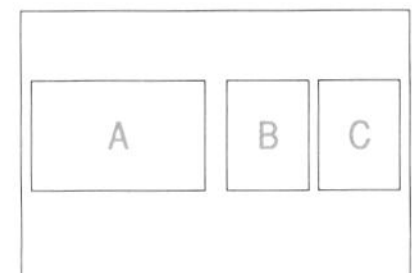

A **옥외전시:** '라인하르트 작전'과 수용소의 역사, 그리고 생존자와 가해자의 운명을 다루고 있다.

B **클라인 모뉴먼트(Klein Monument):** 1943년 5월 4일 네덜란드 웨스터보르크(Westerbork)를 떠나 소비보르로 향하는 기차를 타고 3일 후 이곳에 와서 살해된 남자·여자·어린이 1187명을 추모하는 조각이다. 그들은 모두 살해되었으며, 소비보르가 공동묘지이다. 인간이 행한 가장 심각한 범죄에 대한 기억의 장소이며, 잔혹한 행위에 대한 경고이다. 네덜란드에서 소비보르 수용소로 10차 이송이 이루어진 5월 4일은 제2차 세계대전 네덜란드 희생자의 추모일이기도 하다.

C **모뉴먼트:** 1960년대에 만들어졌으며, 이곳에 가스실이 있던 것으로 추정된다.

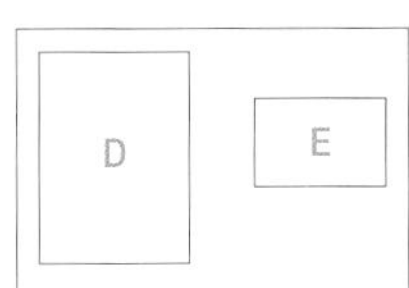

D **죽음의 길:** 이송자를 유도하여 살해할 목적으로 나치 친위대는 '천국으로 가는 길'이라는 위장된 이름을 붙였다. 이 길로 가는 것을 저항했던 폴란드 유대인과 달리, 서유럽에서 이송된 유대인들은 나치 친위대의 환영연설을 믿으며 가스실로 갔다. 광장에는 필기구가 있는 테이블이 있어서 그들은 친구나 친척에게 엽서를 쓰기도 했는데, 이때 작성된 엽서가 네덜란드에 많이 남겨져 있다. 이 길의 양쪽에는 한때 철조망이 쳐져 있었지만, 현재는 폴란드·독일·네덜란드 단체가 참여하는 공동기념사업으로 학살된 사람들의 이름이 적힌 돌들이 세워져 있다.

E **기념석:** 죽음의 길 끝에는 '회고의 길'이 끝나는 것을 알리는 표지석이 있다. 많은 나라에서 온 수만 명의 남성, 여성, 어린이가 이곳에서 생의 마지막을 맞이했다.

베우제츠 절멸수용소 메모리얼

Museum and Memorial in Bełżec, the Nazi German Extermination Camp

Muzeum i Miejsce Pamięci w Bełżcu, Niemiecki Nazistowski Obóz Zagłady

위치 Ofiar Obozu Zagłady 4, 22-670 Bełżec, Poland

홈페이지 http://www.belzec.eu

'오헬 니케(Ohel Niche)'와 석벽 평판: 유대인 무덤인 '오헬 니케'의 석벽에는 이곳에서 희생된 유대인에 대한 기록을 알 수 없기 때문에, 이송된 유대인들이 살던 도시와 마을에서 기록을 얻은 희생자의 상징적 이름을 새겼다.

폴란드 루블린 지역의 남동부, 베우제츠'벨젝'으로 부르기도 함에 있는 코지엘스크 언덕Kozielsk Hill에 입지한 이 수용소는 총독부 관할 지역의 폴란드계 유대인을 학살하기 위한 '라인하르트 작전'의 실행을 위해 만들어진 첫 번째 절멸수용소로서, 1941년 11월 1일부터 고정 가스실을 운영하였다. 희생자를 처리하는 모든 과정이 시스템화해 있었는데, 이 방법은 소비보르와 트레블링카 수용소에서도 그대로 적용되었다.

이곳에서는 1942년 3월부터 12월 중순까지 9개월간 주로 폴란드의 루블린·갈리치아·크라쿠프 등 인접한 수백 개의 도시 및 소도읍小都邑에서 온 유대인, 독일·오스트리아·체코·슬로바키아계 유대인, 보헤미아인, 슬로바키아인들이 희생되었다. 1943년 6월 나치 친위대는 수감자를 동원하여 이 수용소의 모든 건물과 설비를 해체하고 나무를 심었으며, 이 작업을 마치고 남은 유대인 수감자를 소비보르로 이송하여 그해 여름에 살해하였다.

수감자였던 루돌프 레더Rudolf Reder는 강판을 수집하러 리비우Lviv로 보내진 1942년 11월에 탈출했고, 하임 히르츠만Chaim Hirszman은 감시원이 잠든 틈을 타서 수용소에서 빠져나와 소비보르로 가는 마지막 열차를 타고 달아났다. 이렇게 베우제츠 수용소는 오직 몇 명만 살아남은 가장 치명적 수용소였다. 아우슈비츠 및 트레블링카에 이어 세 번째로 많은 약 45만 명의 희생자가 발생했음에도, 가장 심각하게 지워지고 잊혔다.[116]

베우제츠 수용소는 1963년에 첫 모뉴먼트가 건립된 후, 1990년에 들어서면서 뒤늦게 발굴이 진행되었다. 1995년 폴란드 정부와 워싱턴 DC에 있는 미국 홀로코스트 기념관United States Holocaust Memorial Museum이 약정을 맺은 뒤, 미국유대인위원회American Jewish Committee의 지원을 받아 1997년에 '베우제츠 메모리얼 공모전'이 열렸다. 폴란드 예술가팀 안드레아 소리가Andrzej Sołyga, 마르틴 로스직Marcin Roszczyk, 드지슬라브 피덱Zdzisław Pidek의 작품이 당선되었으며, 2004년에는 박물관이 만들어졌다.[117]

현대적으로 만들어진 베우제츠 메모리얼에는 다수의 상징적 표현이 나타나고 있다. 메모리얼의 입구에는 이송자를 실은 기차가 도착했던 철로와 태워진 시신 무더기를 나타내는 조형물이 있고, 희생자들이 살았던 도시 및 마을 이름을 히브리어와 이송된 국가의 언어폴란드어로 콘크리트 보행로 위에 표기했다. 『구약성경』의 인용문이 새겨진 석벽, 유대인 마을의 시장에서 본뜬 돌 포장 및 '다윗의 별Star of David'도 보인다. 또한, 유대인들의 굴곡지고 어려운 삶을 나타낸 구부러진 노출철근과 콘크리트 벽, 수용소에서 벌어진 인종학살의 상징적 증거가 되는 참나무 숲, 슬래그slag와 재, 메마른 흙으로 덮인 '유해의 밭' 등, 상징적이고 은유적인 다양한 기념 요소가 이곳에서 벌어진 홀로코스트의 비극을 잘 설명하고 있다.

OF THE BELZEC DEATH CAMP
ESTABLISHED FOR THE PURPOSE OF KILLING
BY NAZI GERMANY
EARTH DO NOT COVER MY BLOOD;
LET THERE BE NO RESTING
PLACE FOR MY OUTCRY!

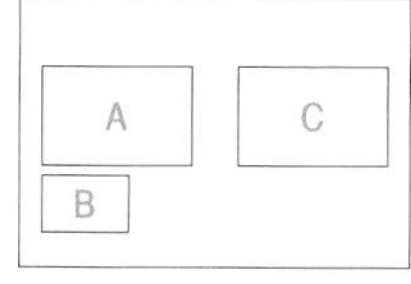

A **메모리얼 입구:** 입구에는 이곳이 많은 유대인이 희생된 곳임을 알리고, 녹슨 철에서 배어난 녹물이 아래로 흐른 모습이 여기서 일어난 잔혹한 학살과 슬픔을 은유적으로 나타내고 있다.

B **철로 조형물:** 메모리얼 입구로 들어서서 왼편에는 1942년 이송된 희생자를 실은 기차가 도착한 철로와 태워진 시신의 무더기를 나타내는 조형물이 있다.

C **진입 광장:** 8m×8m 크기의 정방형 주철로 만든 철판 바닥을 설치하고, '다윗의 별'을 선으로 형상화하여 유대인의 정체성을 나타낸다. 뒤로 보이는 '유해의 밭'을 통해 참혹했던 베우제츠 수용소의 과거를 알 수 있다.

W TYM MIEJSCU
OD LUTEGO DO GRUDNIA 1942 R.
ISTNIAŁ HITLEROWSKI OBÓZ ZAGŁADY
W KTÓRYM PONIOSŁO MĘCZEŃSKĄ ŚMIERĆ
PRZESZŁO 600 000 ŻYDÓW
Z POLSKI I INNYCH KRAJÓW EUROPY
ORAZ 1500 POLAKÓW
ZA POMOC OKAZANĄ ŻYDOM

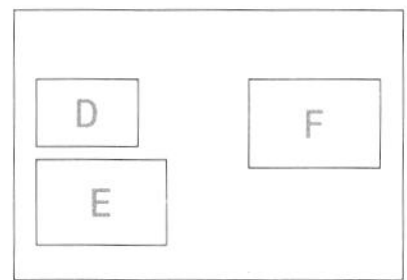

D **박물관:** 새로운 박물관은 부지에서 발굴된 유물들이 전시되고 있다. 가장 최근의 고고학적 발굴은 1997~1999년에 있었으며, 이때 수용소 유물과 자료가 크게 증가하였다.

E **기념비:** 이전 메모리얼에서 유일하게 남겨진 기념비로, "1942년 2월부터 12월까지 유럽 전역에서 이송된 유대인 약 60만 명 이상이 순교하였고, 유대인에게 도움을 주었던 폴란드인 1,500명도 희생된 나치의 절멸수용소였다"고 새겨져 있다.

F **콘크리트 번호판(number plaques, 사진 좌측 하단):** 유대인들이 소유한 돈과 서류에 대한 증표이다. 가스실이 아닌 목욕실에 입장하는 것으로 속여 유대인을 안심시키려 한 것으로 추측된다.

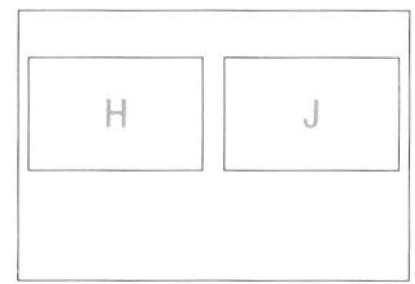

H **나무숲 'Witnesses':** 메모리얼의 남동쪽에 자라고 있는 수림이다. 나치 친위대가 그들의 잔혹한 행위의 흔적을 감추기 위해 '죽음의 캠프' 주변에 심었던 참나무, 포플러, 소나무, 자작나무 중에서 참나무 수림은 현재까지 남아 수용소에서 벌어진 인종학살의 상징적 증거가 되고 있다.

J **커뮤니티 명판:** 메모리얼을 순환하는 콘크리트 보행로와 매장지 경계에는 1942년 3월 17일부터 12월 중순까지 9개월간 이송되어 죽은 희생자들이 살았던 260개 도시 및 마을의 이름을 히브리어와 이송된 국가의 언어(폴란드어)로 표기하여, 희생자들의 집단적 정체성을 나타냈다.

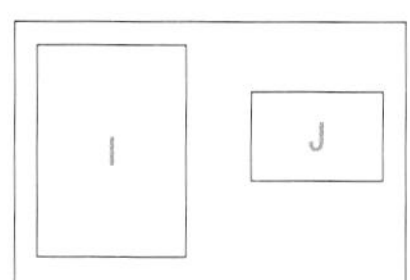

I **불안한 청각적 효과를 주는 높은 벽**

J **「구약성경」의 인용문이 쓰인 높은 석벽:** 크레바스 로드(Crevasse Road)가 끝나는 지점에 세워진 화강석 벽에는 '욥기(Book of Job)'에서 인용한 "Earth, do not cover my blood; let there be no resting place for my outcry!(땅아, 내 피를 가리우지 말라. 나의 부르짖음으로 쉴 곳이 없게 되기를 원하노라!)"를 새기어 핍박과 고난을 되새기고 있다.

마이다네크 강제·절멸수용소 메모리얼

State Museum at Majdanek, the Nazi German Concentration and Extermination Camp

Państwowe Muzeum na Majdanku, Niemiecki Nazistowski Obóz Koncentracyjny i Zagłady

위치 Droga Męczenników Majdanka 67, 20-325 Lublin, Poland
홈페이지 http://www.majdanek.eu

'수확제 작전' 때 학살 구덩이: 화장장과 마우솔레움 뒤에 있는 구덩이에서 수용소 단일 사건으로는 가장 많은 유대인이 집단학살되었다.

루블린 교외 지역에 위치한 마이다네크는 총독부 관할 지역에서 가장 큰 수용소로, 베우제츠·소비보르·트레블링카·헤움노 수용소처럼 '라인하르트 작전'을 위해 건설되었으며, 1941년 10월부터 1944년 7월까지 운영되었다. 1943년 봄까지는 정치적 수감자와 붉은 군대의 전쟁포로 수천 명을 수용하였으나, 1943년에 실행된 게토 청산과 함께 유대인 수감자의 수가 크게 늘었다. 마이다네크도 간혹 절멸수용소로 분류되지만, 수감자가 주로 기근·과로·사형 등으로 죽었다는 점에서 비르케나우, 트레블링카, 소비보르, 베우제츠 수용소와 다른 특성을 가진다.[118]

수용소는 행정동, 수감자 막사, 농업지역으로 구성되었으며, 5개의 직방형 '필드Field'를 포함하고 있었다. 1942년 필드Ⅰ에 3개의 가스실이 건설되었고, 1943년에는 필드Ⅴ 뒤편에 5기의 화로를 갖춘 새로운 화장장이 만들어졌다. 수용소는 극도로 원시적인 시설과 비위생적인 생활조건으로 악명이 높았고, 수용자들은 기근, 추위, 질병, 야만적인 대우, 고문, 계획되지 않은 살인 등으로 사망했다. 특히 이곳에서는 1943년 11월 3일 '라인하르트 작전'의 마지막 단계인 '수확제 작전'[119]에 의해, 루블린의 노동수용소에서 온 1만8천 명이 넘는 유대인이 필드Ⅴ 뒤편의 배수로 웅덩이에서 대량으로 학살되었다. 총 수용자 및 희생자의 수에 대해서는 다양한 주장이 있지만, 수용소가 운영되던 기간 동안 약 15만 명의 남성, 여성, 다양한 국적의 어린이들이 수용되었으며, 유대인 6만 명을 포함하여 전체 8만 명이 이곳에서 희생된 것으로 추정된다. 나치는 소련 군대가 다가오고 있는 것에 대한 두려움을 느끼고, 학살 흔적을 지우기 위해 화장장을 불태우고 수용소 기록을 파기했다.

1944년 7월 23일 소련군이 수용소를 점령하면서, 연합군에 의해 처음으로 해방된 수용소가 되었다. 같은 해 11월에는 수용소 해방 직후 구성된 '폴란드민족해방위원회

Polish Committee for National Liberation'를 통해 유럽에서 처음으로 홀로코스트와 관련된 마이다네크 주립박물관을 설립하면서, 수용소에서 행해진 학살의 증거를 확보하기 위해 노력하였다. 이어서 1947년 7월 2일에 폴란드 의회가 강제수용소 박물관의 법적 지위를 부여하는 법을 통과시키면서, 이에 따라 마이다네크 수용소 부지는 홀로코스트에 의해 고통 받고 희생된 사람을 위한 메모리얼이 되었다.

마이다네크 수용소는 화장장, 필드V, 유해의 둔덕, 위생시설 등 수용소 시설이 비교적 잘 보전되었지만, 일부 막사는 점차 훼손되었다. 1950년대에 식재된 슬라브족의 신성함을 상징하는 참나무숲이 수용소 건물을 가리고 뿌리가 건물에 피해를 주었으며, 장소적 느낌이 약해지는 문제가 발생하였다. 이를 해결하기 위해 루블린 출신의 건축가 로무왈드 디레위스키Romuald Dylewski는 기존의 나무와 덤불을 제거하고 부지의 진정성을 살리는 새로운 계획을 세웠다. 역사적 건물에 대한 보전 조치를 취함과 동시에, 수감자 필드의 울타리를 재건하도록 하였으며, 필드V에는 나치의 범죄를 명확하게 나타내는 화장장을 유지하고, 절멸 정책의 증거를 볼 수 있게 하였다.

그러나 기념의 형태가 너무 소박하다는 생존자들의 의견에 따라, 1967년 '마이다네크 죽음의 수용소 희생자를 위한 모뉴먼트A Monument Honoring the Victims of the Death Camp at Majdanek'를 건립하기 위한 공모전이 개최되었다. 이 공모전은 폴란드 전역의 예술가들에게 큰 관심을 끌었으며, 빅토르 톨킨Wiktor Tolkin과 야누스 뎀벡Janusz Dembek의 공동작품이 당선작으로 결정되어 설치되었다. 이 개념은 오늘날 마이다네크 수용소 메모리얼의 역사적 경관을 형성하는 기본 틀이 되었다.

당선작인 「투쟁과 순교의 모뉴먼트Monument to Struggle and Martyrdom」는 상징적 의미

를 가지는 3개의 대규모 모뉴먼트로 구성되었다. 먼저, 단테Dante Alighieri의 『신곡神曲, La Divina Commedia』에 나오는 지옥의 입구를 본뜬 '모뉴먼트 게이트Monument Gate'는 수용소 입구의 역할을 한다. 그리고 '참배와 회고의 길Road of Homage and Remembrance'은 초반부에 깊은 협곡 형태의 직선 도로로 방문객을 수용소로 인도하며, 그 길 끝에는 3개의 기둥으로 지지되는 거대한 마우솔레움이 서 있는데, 돌더미에 묻혔던 희생자 유해를 발굴하여 이곳에 안장하였다. 마우솔레움의 명판에는 프란치셰크 페니코브스키Franciszek Fenikowski의 「진혼곡Requiem」에서 인용된 "Our fate is a warning to you우리들의 운명은 당신에 대한 경고이다"가 새겨져 있다.

1960년대 이후 수용소의 유적과 흔적을 보전하려 노력을 기울여 왔기 때문에 경관의 역사성이 높으며, 주립박물관으로 소비보르와 베우제츠 강제수용소 메모리얼을 관할하는 거점 메모리얼로서 역할을 다하고 있다.[120]

마이다네크 강제·절멸수용소 메모리얼 평면도

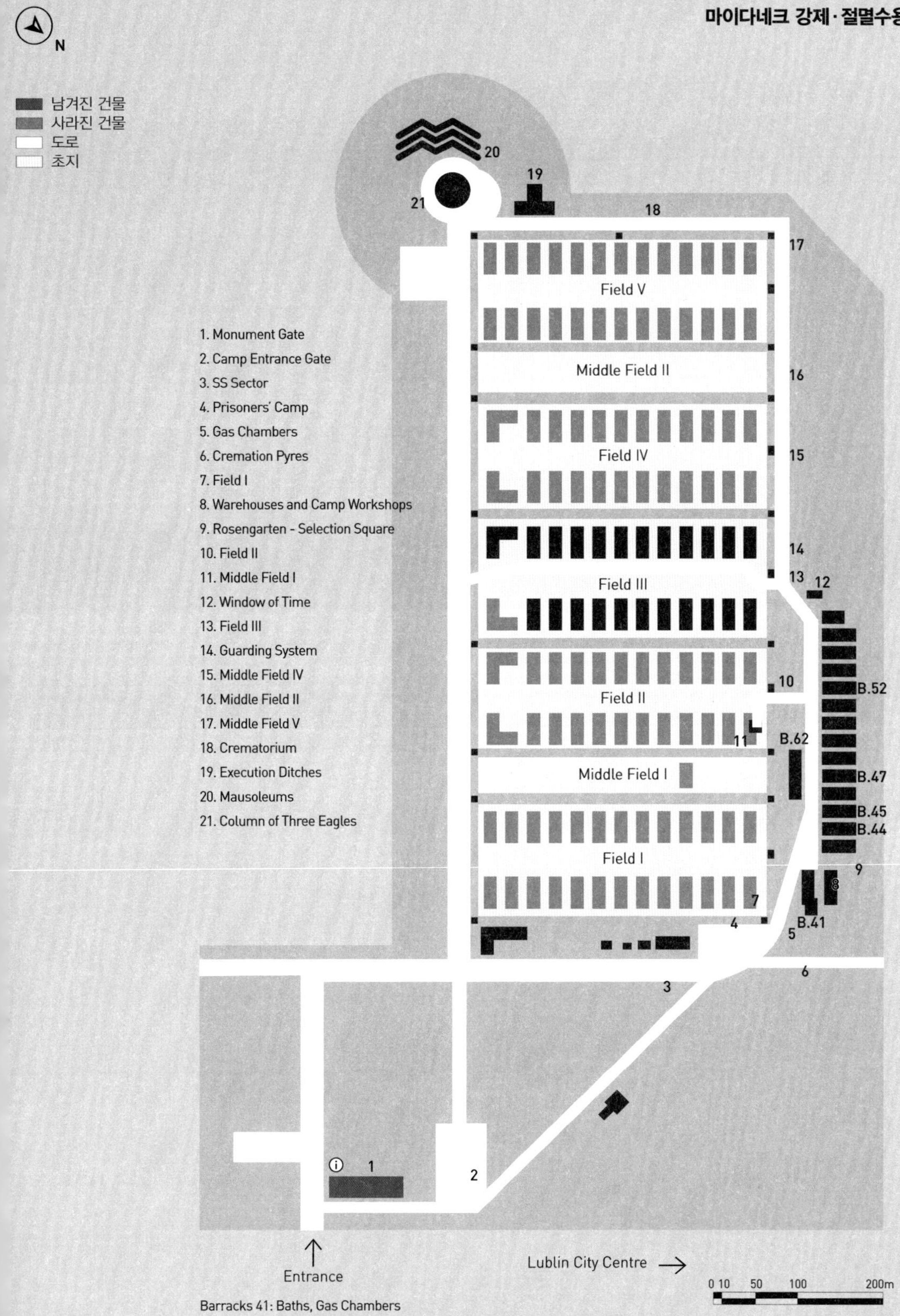

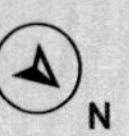

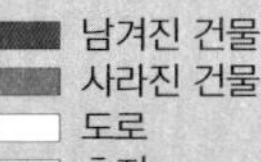

N
남겨진 건물
사라진 건물
도로
초지
1. Monument Gate
2. Camp Entrance Gate
3. SS Sector
4. Prisoners' Camp
5. Gas Chambers
6. Cremation Pyres
7. Field I
8. Warehouses and Camp Workshops
9. Rosengarten - Selection Square
10. Field II
11. Middle Field I
12. Window of Time
13. Field III
14. Guarding System
15. Middle Field IV
16. Middle Field II
17. Middle Field V
18. Crematorium
19. Execution Ditches
20. Mausoleums
21. Column of Three Eagles
Field V
Middle Field II
Field IV
Field III
Field II
Middle Field I
Field I
B.52
B.62
B.47
B.45
B.44
B.41
Entrance
Lublin City Centre
0 10 50 100 200m

Barracks 41: Baths, Gas Chambers

Barracks 44: Lublin under Occupation

Barracks 45: Scale Model of the Camp, "Majdanek. Past and Present"

Barracks 47: Shrine - Multimedia Exhibition

Barracks 52: Shoes of the Victims of Action Reinhardt

Barracks 62: The Prisoners of Majdanek - Historical Exhibition

Barracks 14, 15: Living Condition

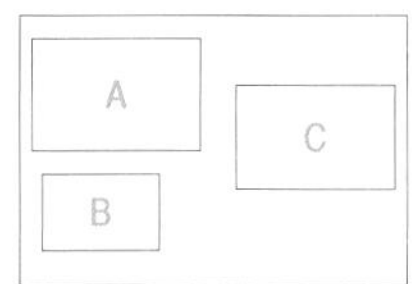

A **마이다네크 수용소 메모리얼 전경**
B **박물관:** 도로 변에 위치하고 있으며, 내부에는 방문객 센터, 영화관 등이 있다.
C **모뉴먼트 게이트:** 수용소 부지로 들어가는 입구에 메노라를 연상시키는 거대한 콘크리트 조형물이 자리 잡고 있으며, 멀리 보이는 마우솔레움이 축을 형성하고 있다.

41

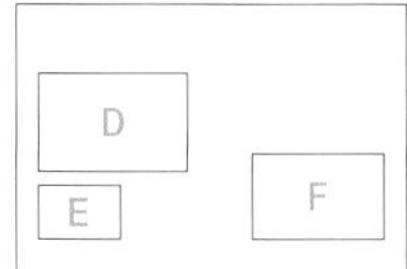

D, E **욕실 및 소독실:** 객관적 자료와 생존자가 없어 정확히 여기서 무슨 일이 있었는지는 알 수 없으나, 가스실이 있었을 것으로 추정된다.
F **희생자들의 신발 더미:** 52번 막사에는 수용소 해방 시 발견된 대규모 신발 더미가 있다. 주인 잃은 신발, 안경, 머리카락, 칫솔, 가방 더미는 집단적 학살을 암시하며, 언젠가 살아 있었던 사람의 부재(不在)를 나타낸다.

G **필드 III:** 폴란드 정치범 수감자와 바르샤바와 비아위스토크(Bialystok)에서 온 유대인이 주로 수용되었다.

H **화장장:** 1943년 가을에 만들어졌다가, 달아나는 나치들이 태워버린 후 재건축된 화장장이다. 일부 방문객에게 이곳에 가스실이 있었다고 안내되고 있지만, 명백한 증거는 없다.

I **1944년 7월경 화장된 유해를 보관하는 데 사용된 석관(石棺)**

J **1943년 가을부터 수용소가 기능을 멈출 때까지 사형된 시신이 있던 홀(hall)**

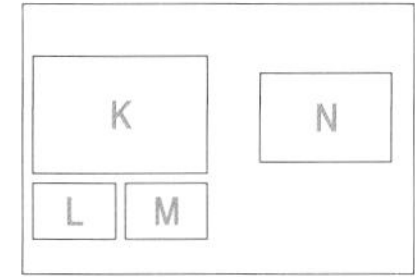

K, L **마우솔레움과 내부 지붕:** 집단적 학살로 죽은 희생자 유해를 1947년에 발굴하여, 방대한 양의 유해를 옮기고 난 자리에 1967년 만든 돔 형태의 음울한 구조물로서, 집단적 학살의 상징물이다. 멀리 루블린 시가지가 보인다.

M **독수리 조형탑:** 필드Ⅲ 동쪽 끝에는 3마리의 독수리를 주두(柱頭)에 올린 콘크리트기둥 조형탑이 서 있다. 나치 친위대는 독수리가 독일을 나타낸다는 이유로 이 작품을 허락하였으나, 사실 이것은 폴란드의 상징이었다. 수감자들은 상징적 저항행위로서 기둥 아래에 유해를 묻었다고 한다.

N **수용소 울타리와 경비초소**

트레블링카 절멸수용소 메모리얼

Treblinka Museum, the Nazi German Extermination and Forced Labour Camp

Muzeum Treblinka, Niemiecki Nazistowski Obóz Zagłady i Obóz Prac

위치 08-330 Kosów Lacki Wólka Okrąglik 115, Poland

홈페이지 http://muzeumtreblinka.eu

메모리얼 입구를 지나 '죽음의 수용소(Death Camp)'로 연결되는 옛 철로를 상징하는 콘크리트 침목을 따라 울창한 숲 사이로 200m 정도 걸어가면, 막사·공동묘지·가스실에 다다르게 된다. 1942년 말, 프란츠 슈탕글은 이곳에 가상의 기차시간표와 안내판, 매표소가 설치된 위장 철도역을 건설하였으며, 희생자들은 자신이 '오베르마이단(Obermajdan)'이라 이름 붙여진 간이역에 도착한 것으로 믿도록 안내되었다.

트레블링카 수용소는 바르샤바의 유대인 게토를 계획적으로 파괴하기 위하여, 바르샤바 북동쪽 100km에 위치한 빽빽한 수림지역인 비알리스토크Białystok 철도선 근처에 만들어졌다. 이곳에는 이미 1941년 여름 폴란드 정치범과 유대인이 수용되어 강제노동에 동원되었던 트레블링카Ⅰ 수용소가 있었다. 인접한 트레블링카Ⅱ 절멸수용소는 주변 지역에서 온 유대인과 그곳에 있던 수감자가 강제로 동원되어 1942년 4월에 건설되었다.

1942년 7월 23일 바르샤바 게토로부터 처음으로 유대인이 이송되었으며, 이후 폴란드, 체코, 슬로바키아, 프랑스, 러시아, 독일 등지에서 이송해 온 유대인이 가스실에서 살해되었다. 사령관 이름프리트 에베를Irmfried Eberl[121]은 3개의 가스실을 운영하면서 수용능력을 넘는 이송자를 받았으며, 짧은 시간에 많은 유대인을 학살하였으나 무능하다는 이유로 그해 8월 하순 해고되었고, 소비보르의 사령관이었던 프란츠 슈탕글Franz Stangl[122]이 배치되어 왔다. 이후 10개의 가스실을 갖춘 새로운 건물이 건설되었고, 1942년 겨울부터 시체소각 시스템이 도입되었다.

1943년 3월 힘러가 수용소를 방문한 후, 학살 증거를 은폐하기 위해 집단으로 매장된 시신을 파내어 화장하기로 하였으며, 존더코만도에 의해 수용소 모든 곳에서 시행되었다. 같은 해 8월 2일, 수감된 유대인들은 무기를 탈취하고 수용소의 많은 곳을 방화했다. 대략 1천 명 가운데 2백 명이 탈출했고, 여기서 오직 수십 명만이 살아남았다. 폭동 후 8월 21일 비알리스토크에서 온 마지막 이송이 종료된 후, 나치는 학살의 흔적을 없애기 위해 11월에는 수용소 시설을 파괴하였다. 트레블링카 수용소는 1년 남짓 운영되었지만 '라인하르트 작전'을 수행한 수용소로 가장 치명적인 곳이었으며, 역사학자들은 적어도 78만 명에서 90만 명 이상이 사망한 것으로 추정하고 있다.

나치는 수용소의 모든 것을 파괴하고 그곳에 나무를 심었으며, 일부는 경작되거나 시간이 흘러 황폐해지면서 1960년대에 메모리얼 부지로 바뀌기 전까지 버려진 상태로 남겨졌다. 트레블링카 수용소에는 아담 하프트Adam Haupt, 프란치셰크 두젠코Franciszek Duszenko, 프란치셰크 스트린키에빅즈Franciszek Strynkiewicz 등 3명의 예술가팀에 의해 수용소 희생자를 추모하는 메모리얼 설계가 진행되었으며, 트레블링카II 수용소에 메모리얼이 조성되었다. 유대인 희생자의 정체성을 나타내는 상징적이고 은유적인 모뉴먼트를 통하여, 유대인의 장례식 전통과 수용소의 상징적 표현이 잘 조화를 이룬 것으로 평가받고 있다. 2013년에는 수용소의 마지막 생존자인 사무엘 윌렌베르그Samuel Willenberg의 딸이 이끄는 이스라엘 건축회사에서 설계한 새로운 교육센터를 건설하는 계획이 발표되었다.[123]

N
Key-Map
Treblinka I
Treblinka II
Małkinia
Kosów Lacki

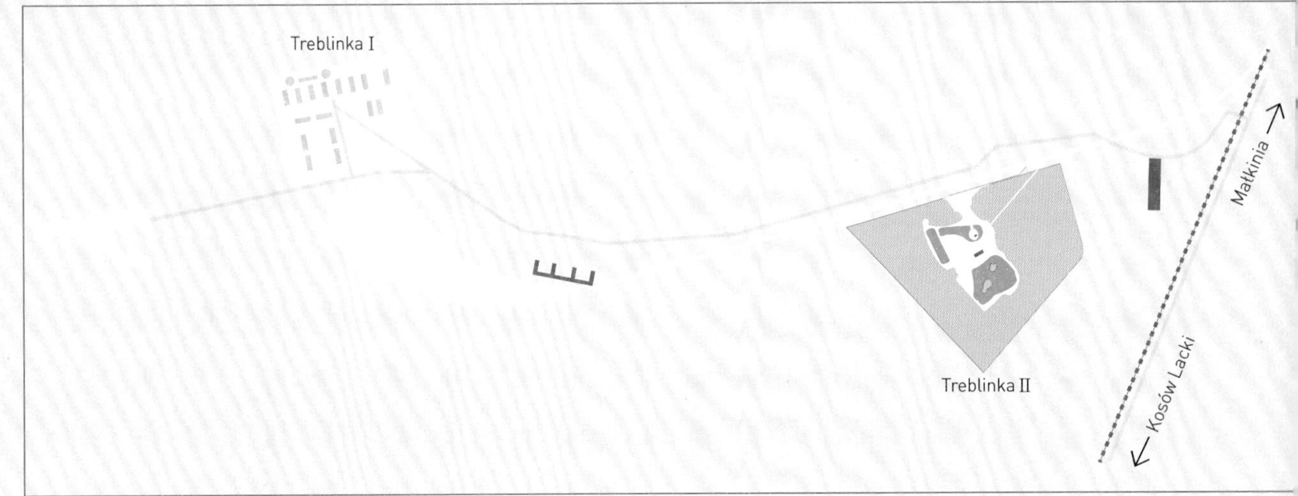

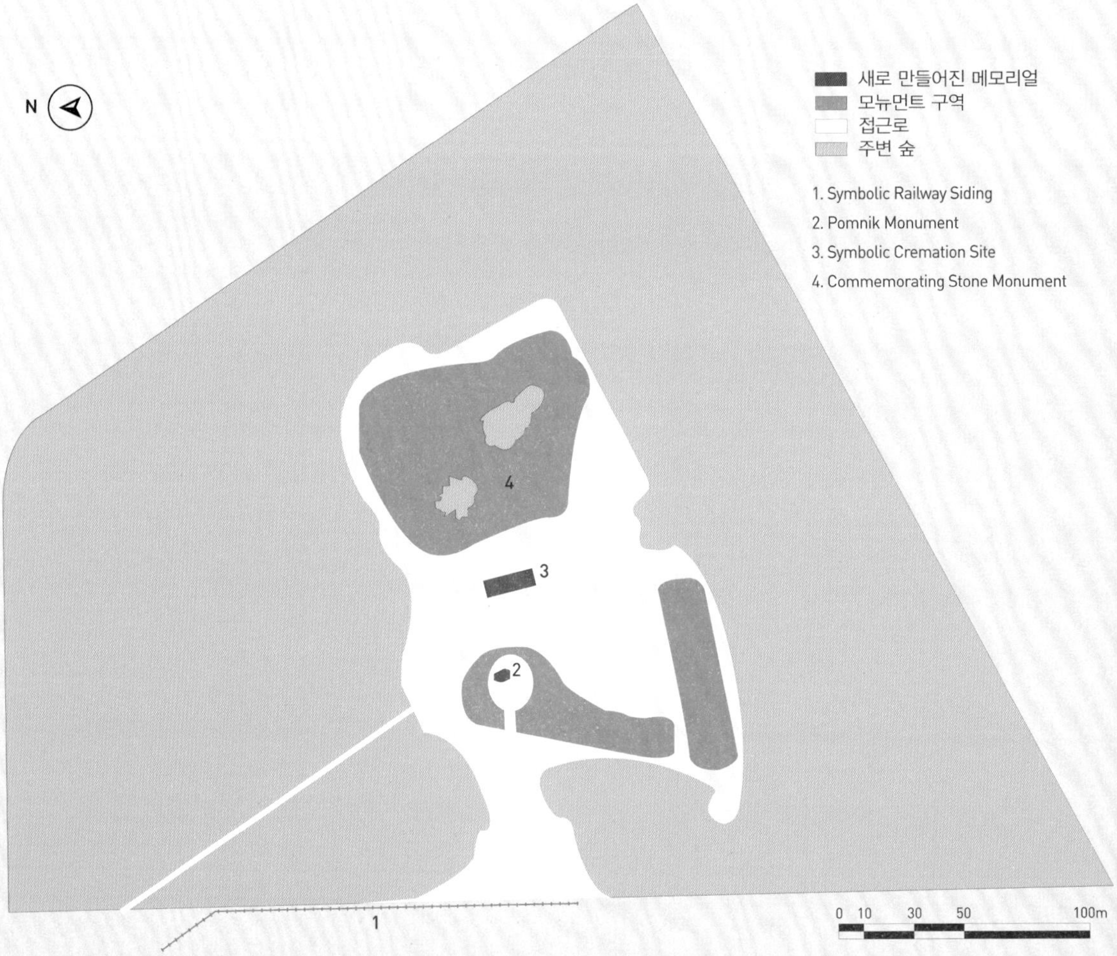

N
새로 만들어진 메모리얼
모뉴먼트 구역
접근로
주변 숲
1. Symbolic Railway Siding
2. Pomnik Monument
3. Symbolic Cremation Site
4. Commemorating Stone Monument
1
2
3
4
0 10 30 50 100m

트레블링카II 절멸수용소 메모리얼 평면도 (2021년 현재)

트레블링카II 절멸수용소 평면도 (1942년)

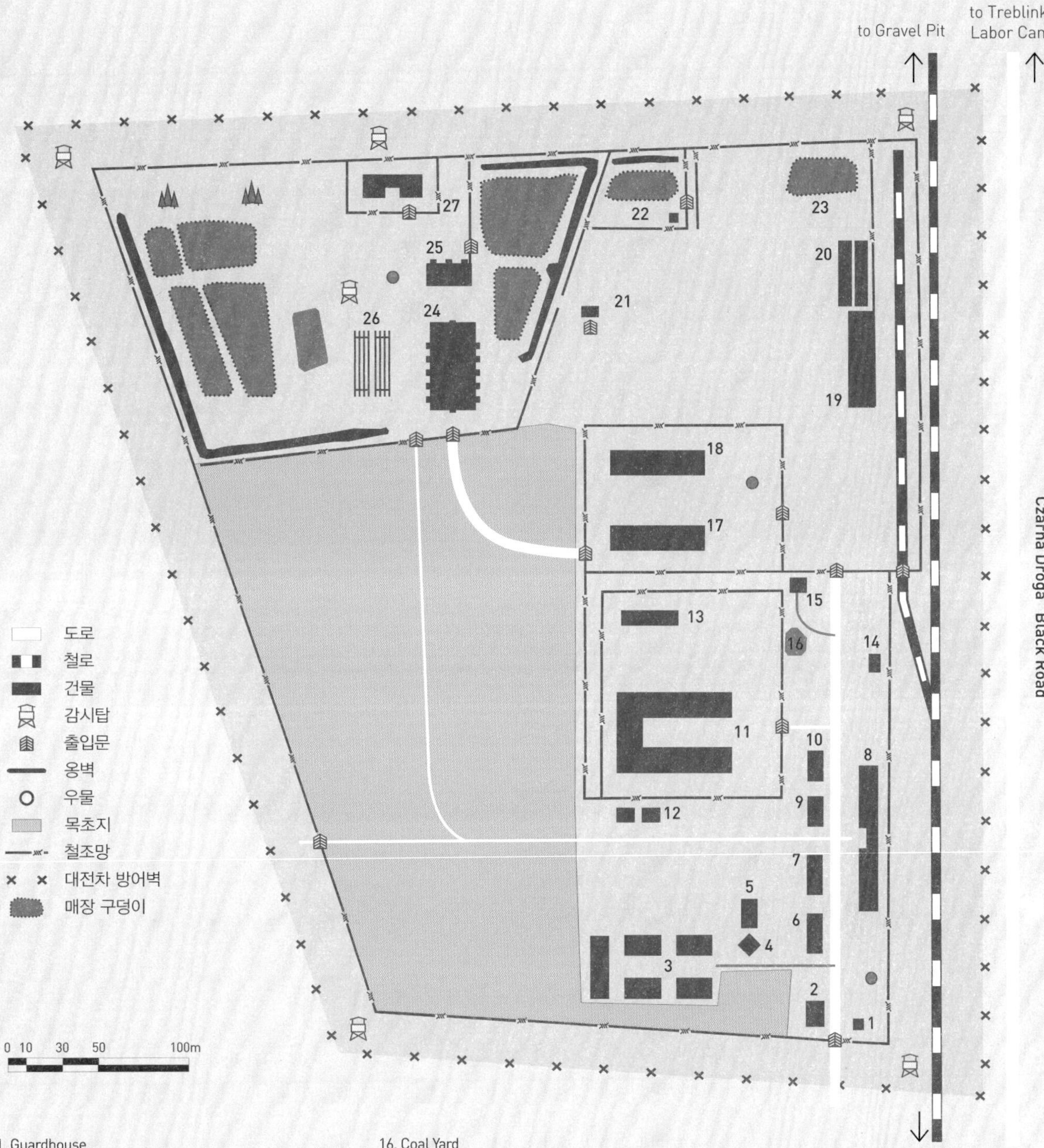

1. Guardhouse
2. Head Quarters and Commandant's Living Quarters
3. Ukrainian Guard's Living Quarters
4. Zoo
5. Building for Sorting Gold and Valuables
6. Barber, Doctor and Dentist Services for SS
7. Barracks for the Domestic Staff
8. SS Living Quarters and Armoury
9. Fabrics Storehouse
10. Bakery
11. Barracks for Male Prisoners
12. Stables and Livestock Area
13. Latrine
14. Refilling Station
15. Garage
16. Coal Yard
17. Barrack Where Women Got Undressed Surrendered Valuables and had Heads Shaved
18. Undressing Barrack for Men
19. Storehouse Containing Sorted Property of the Victims (Disguised as a Train Station)
20. Barracks Containing Sorted Property of the Victims
21. Latrine
22. Execution Site of Sick and Elderly People (Disguised as a Hospital)
23. Burial Pits for Those Who Died During Transportation
24. New Gas Chambers
25. Old Gas Chambers
26. Cremation Grids
27. Barracks for Prisoners

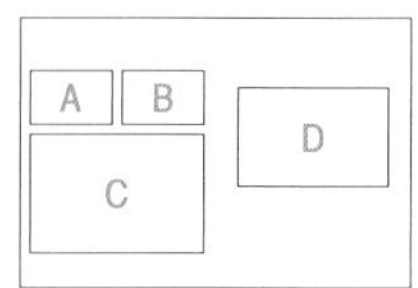

A **트레블링카II 수용소 메모리얼 입구**
B **유대인 방문객이 만든 희생자를 추모하는 돌무더기와 이스라엘 국기**
C **'죽음의 수용소' 지역:** 가까이에 철도 침목(枕木), 멀리는 기념석과 메노라 모뉴먼트가 보인다.
D **'생존의 수용소(Living Camp)':** 나치 친위대와 우크라이나인 및 유대인 수감자가 있었던 수용소로, 빈터 왼쪽의 나무로 덮인 지역이다.

קיינמאל מער
НИКОГДА БОЛЬШЕ
NIGDY WIĘCEJ
לא עוד !
NEVER AGAIN
JAMAIS PLUS
NIE WIEDER

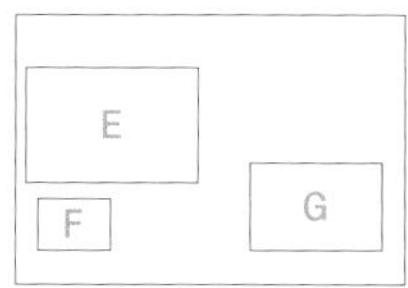

E **돌 모뉴먼트와 메노라 모뉴먼트:** 에베를 사령관의 지휘 아래 급히 팠던 공동묘지를 콘크리트로 포장하고, 여기에 다양한 크기의 화강석 덩어리 17,000개를 고정하였다. 동유럽의 유대인 묘지를 닮아서, 유대인의 무덤을 상징한다. 큰 돌에는 트레블링카에서 파괴된 유대인 커뮤니티의 이름이 새겨져 있다. 가스실이 있었던 메모리얼의 중심에 메노라 형태의 석조 모뉴먼트가 세워졌다. 예루살렘에 있는 '통곡의 벽'을 본뜬 것으로, 모뉴먼트 상부의 서측면에는 찢어진 인간의 유해와 유대인 묘비에서 빌려 온 축복을 의미하는 야자를 새겼으며, 동측은 유대교의 전통의식에 쓰이는 메노라가 새겨져 있다. 이 모뉴먼트는 공산주의 양식 기념물에서 간과되었던 유대인의 정체성이 강조되어 독특하고 인상적이다.

F **상징표석:** 모뉴먼트 정면에는 폴란드어·히브리어·이디시어·러시아어·영어·프랑스어·독일어로 "Never Again"을 의미하는 글자가 새겨져 있다.

G **야누시 코르차크 기념석:** 221개의 돌 표지석에는 살해된 유대인들이 이송되었던 곳의 지명이 적혀 있다. 개인을 추모하는 유일한 기념석에는 트레블링카에서 살해된 야누시 코르차크[124]의 이름에 새겨져 있고, 추모 헌화가 있다. 그가 돌보았던 아이들과 함께 추모하기 위한 모뉴먼트이다.

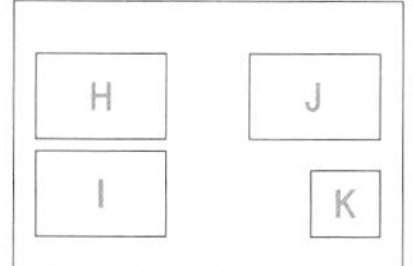

H **상징적 화장장 터:** 많은 희생자 유해가 수습된 공동묘지 터로, 이곳에는 불규칙한 형태로 응고된 검은색 현무암으로 채워져 있으며, 그 주위에는 12개가 넘는 석유램프가 있어서, 방문객은 이곳에서 시체가 타는 것과 같은 분위기를 연상하도록 하였다.

I **트래블링카 I 강제노동수용소의 채석장**

J **십자가와 추모의 벽:** 사형장과 공동묘지가 있던 곳에 십자가와 기념벽으로 추모되고 있다. 오른쪽에는 제2차 세계대전 중 나치 독일에 의해 강제노동 및 절멸수용소에서 학살된 수천 명의 신티와 로마를 추모하기 위해 2014년에 세워진 기념비가 있다.

K **박물관 내부 전시:** 박물관 내부에는 수용소 모형과 부지에서 발견된 까맣게 탄 율법서, 철조망, 스푼, 면도기 등의 유물들이 함께 전시되고 있다.

헤움노 절멸수용소 메모리얼

Kulmhof am Ner [Chelmno] Extermination Camp

Obóz Straceń w Chełmnie nad Nerem

위치 Chełmno 59A, 62-660 Chełmno, Poland
홈페이지 https://www.chelmno-muzeum.eu

대형 콘크리트블록 모뉴먼트에는 희생자들이 순교하는 모습과 '우리는 기억한다'는 의미의 "PAMIĘTAMY"가 새겨져 있다.

헤움노 수용소는 홀로코스트 과정에서 가장 치명적이었던 '라인하르트 작전'을 실행하기 위해 첫 번째로 만들어진 절멸수용소다. 작은 마을인 헤움노 북쪽에 위치한 이 수용소는 유대인이 많이 거주하던 우츠 등 인근 지역으로부터 철도 및 도로의 연결이 용이한 지점이었다. 헤움노 인근에 버려진 영주의 저택에서 학살이 진행되었으며, 희생자의 시신은 북쪽으로 3마일 떨어진 즈후프Rzuchów 숲에 있는 발트라거Waldlager 수용소로 보내져 대규모 공동묘지에 묻혔다.

헤움노에서는 T4 작전에서 사용되었던 가스밴을 이용한 방법으로 유대인을 포함한 집시 등 많은 사람들이 살해되었다. 1941년 12월 8일 처음으로 코로Kolo 지역의 유대인이 희생되었으며, 1942년에는 우츠의 게토로 학살대상이 확대되었다. 이러한 학살은 1943년 4월에 존더코만도가 헤움노 수용소를 떠날 때까지 계속되었다. 이후 1944년 6월부터 수용소가 재개되어 1945년 1월 소련군에 의해 수용소가 점령될 때까지 운영되었다. 헤움노 수용소의 규모가 작고 소각시설이 효과적이지 않아 우츠의 게토에서 온 유대인 대부분이 아우슈비츠로 보내졌음에도 많은 사람이 희생되었다.[125] 전쟁이 끝난 후 폴란드에서 처음으로 시행한 연구조사에서 35만 명이 죽은 것으로 알려졌으나, 현재는 최소 15만2천 명이 죽은 것으로 추정되고 있다.

1960년대 초, 메모리얼이 숲에 만들어졌지만 영주의 저택 부지는 폴란드 집단농장에 양도되었으며, 그들은 부지를 심각하게 훼손하였다. 1997년부터 고고학적 연구를 시작하면서 폴란드 정부는 모든 부지를 구매한 뒤, 이듬해 숲 부지를 총괄하는 코닌 지구박물관Konin District Museum으로 양도하였으며, 여름철부터 방문객에게 개방되었다.[126]

헤움노 수용소 메모리얼에는 1964년 9월 27일 개막된 유제프 스타신스키Józef Stasiński와 저지 부스키에빅스Jerzy Buszkiewicz에 의해 만들어진 5개의 피라미드가 지지하는 6~7m 높이의 대형 콘크리트블록 모뉴먼트가 세워졌다. 측면에는 희생자들이 순교하는 모습을 부조로 나타내고, 그 옆에 "Pamiętamy(파미엥타미)우리는 기억한다, We will remember"가 쓰여 있다.

메모리얼 입구에 들어서면 박물관이 위치한 중심에 폴란드인 묘지와 마우솔레움이 있으며, 조금 더 안쪽으로 진입하면 공동묘지가 있다. 1990년 6월 17일 박물관이 개장하고 추모의 벽이 만들어졌으며, 1992년에는 기념벽으로 가는 길을 따라서 희생자를 추모하기 위한 모뉴먼트가 세워졌다.

PAMIĘCI ŻYDÓW POMORDOWANYCH W CHEŁMNIE
1941-1945

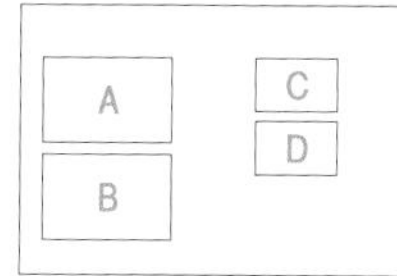

A **주호프스키(Rzuchowski) 숲에 세워진 기념비 제단(祭壇)**
B **수용소 메모리얼 추모의 벽:** 다양한 추모 명판이 붙여져 있고, 우측으로 헤움노 수용소가 운영되었던 기간인 '1941~1945'가 보인다.
C **모뉴먼트:** 헤움노 수용소에서 죽은 베우하투프(Bełchatów) 유대인 4,953명을 위한 모뉴먼트
D **옥외 화장시설 잔해:** 발트라거 숲에 있었던 유대인 1천 명의 시체를 화장했던 대규모 옥외 화장시설의 잔해

플라스조프 강제수용소 부지 메모리얼

Plaszow Concentration Camp Memorial

Niemiecki Nazistowski Obóz Koncentracyjny Płaszów

위치 Kamieńskiego 97, 30-555 Kraków, Poland

플라스조프 모뉴먼트(Plaszow Monument): 수용소 서쪽 경계에서 약 8천 명 규모의 대량학살된 시신이 발굴되었다. 지금은 불타버린 오스트리아의 요새 유적이 있는데, 그 능선에는 1964년 공산주의양식으로 만들어진 희생자 추모 모뉴먼트가 있다.

독일이 폴란드를 침공한 직후, 폴란드 남중부 지역은 반식민지 상태로 총독부 관할 지역이 되었다. 플라스조프 수용소는 나치 친위대에 의해 1942년 크라쿠프의 남쪽 교외지역에 있는 두 곳의 유대인 묘지에 강제노동수용소로 만들어졌다. 수용소는 원래 4천 명 정도를 수용하도록 만들어졌으나, 1943년 3월에 크라쿠프 게토를 정리하면서 8천 명에 달하는 유대인이 추가되어 그 규모가 급격하게 확대되었으며, 수용소 요원, 남성 수감자, 여성 수감자, 작업시설에 따라 구역이 나뉘고, 유대인과 비유대인 구역으로 세분되었다.

1944년 바르샤바 봉기 후에 폴란드인 임시수감자가 약 1만 명 증가하였으며, 작은 게토와 헝가리에서 옮겨 온 유대인이 크게 늘어나면서 한때 수감자는 2만5천 명에 달

하였다. 수용소는 열악하였으며, 악명 높았던 아몬 괴트Amon Leopold Göth가 통치하던 1943년 2월부터 1944년 9월까지 더욱 심각하였다. 그는 수감자들을 대상으로 무분별하게 구타와 총살을 자행하였으며, 당시의 모습은 영화 「쉰들러 리스트」(1993)에서 잘 묘사되기도 하였다.[127] 남은 수감자는 1944년 겨울부터 1945년 사이에 아우슈비츠와 제3제국의 수용소로 이송되었고, 1945년 1월 14일 해방 하루 전날에는 마지막으로 180명이 이송되었다. 플라스조프 수용소는 아우슈비츠가 가까이 있었기 때문에, 필요성이 낮았음에도 유대인과 폴란드인을 집단적으로 총살하는 부지가 되었다.[128] 현재 수용소 지역은 자연보전지구로 지정되어 남은 것이 거의 없고, 대부분의 지역은 수림과 초지가 무성하고 안내시설조차 부족하여 길을 찾기가 쉽지 않다.

수용소 지역: 지금은 듬성듬성 숲이 있는 언덕과 들판으로 변해 있다.

SPRZEDAM
NOWA CENA
608 460 12
SPRZEDAM
608 460 128

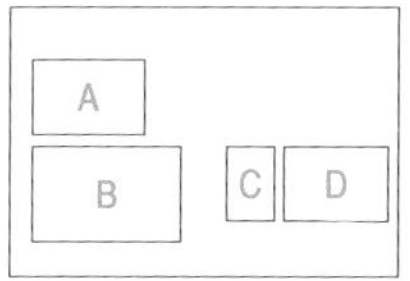

A **괴트의 저택**
B **옛 유대인 공동묘지:** 수용소 동쪽 끝 언덕에 위치하고 있는데, 묘지는 심각하게 훼손되어 있다. 묘비석 이름은 알아볼 수 없게 파괴되었고, 일부 묘비석은 수용소 길의 포장용으로 사용되기도 하였다.
C **수용소 입구에 세워진 안내판**
D **유대인 희생자 모뉴먼트:** 능선으로 접근하는 길에 현대적인 양식의 모뉴먼트가 폴란드와 헝가리계 유대인 희생자를 추모하고 있다.

E **리반 채석장(Liban Quarry):** 석회석을 채석했던 혹독한 노동 현장으로, 스티븐 스필버그(Steven Spielberg) 감독의 영화 「쉰들러 리스트」를 촬영하기 위한 수용소 세트장이 있었다.

F **수용소 음식창고의 흔적**

포즈난 포트 Ⅶ 감옥 메모리얼

Fort VII, the German Nazi Camp in Poznań

Fort VII, Niemiecki Nazistowski Obóz w Poznaniu

위치 Kazimierza Tetmajera 25, 05-080 Izabelin C, Poland

홈페이지 http://www.wmn.poznan.pl/odwiedz-nas/muzeum-martyrologii-wielkopolan-fort-vii/

메모리얼 전경

나치 독일은 1939년 포즈난Poznań을 점령한 직후, 그해 9월 25일 환상형環狀形 도시를 둘러싼 19세기 요새 중 하나인 '포트 Ⅶ Fort Ⅶ'에 강제수용소를 세우기로 결정하였다. 1939년 11월 중순, 수용소는 '위베르강슬라거Übergangslager'로 이름을 바꾸고 게슈타포 감옥과 이송캠프가 되었다. 포즈난의 포트 Ⅶ은 바르테가우Warthegau의 폴란드 지식인들을 가두고 학살하기 위한 가장 큰 수용소로서, 나치 친위대와 게슈타포에서 관리하였다. 비좁고 어두우며, 습하고 추운 조건에서 살던 수감자들은 추위와 굶주림으로 고통을 받았으며, 고문을 당하고 살해되었다.

나치는 전쟁 발발에 앞서 '정치적 청소작전Intelligenzaktion'을 위해 준비했던 추방자 명단을 대상으로 기소하고 체포하였으며, 그들을 포트 Ⅶ에 투옥하였다. 여기에는 주로 지역의 지식층, 교수, 선생, 사회·정치활동 참가자, '베일코폴스카 봉기Wielkopolska Uprising' 및 '실레지안 봉기Silesian Uprising' 참전군인, 성직자 등 미래에 저항할 우려가 있는 사람들 대부분이 포함되었다. 때로는 소비에트 전쟁포로, 유대인, 독일인, 우크라이나인, 유고슬라비아인도 수감되었다. 수용소는 1944년 4월 문을 닫았는데, 전쟁 말기에 나치는 수용소 관련 자료를 파기하였다. 이곳 수감자는 약 1만7천 명이며, 잠시 수감된 사람까지 포함하면 4만 명 정도로 추산된다. 이 중 약 4,500명이 사형되거나 열악한 수감조건과 질병으로 죽었으며, 일부는 다하우, 부헨발트, 작센하우젠, 아우슈비츠 수용소 등으로 이송되어 그곳에서 죽었다.[129]

전쟁이 끝나고 시설을 보전한 뒤 상징적인 조각과 십자가 등 기념물이 설치되었으며, 현재는 메모리얼로 활용되고 있다.

매표소와 포트 Ⅶ 사인(sign)

메모리얼 입구: 문 위에 '포젠-강제수용소(Konzentrationslager- Posen)'라고 쓰여 있는 명판은 수용소일 때 촬영된 사진을 토대로 다시 복원되었다.

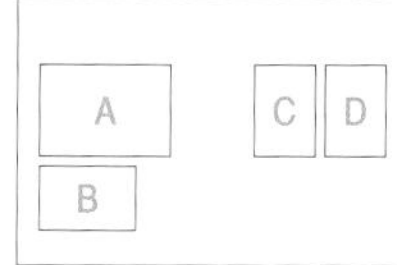

A **핵심블록(Salient Block)**

B **핵심블록에 있는 66호 감방(Cell 66 in Salient Block):** 요새 중앙부의 주복도 옆에 있는 66호에는 제2차 세계대전 중 폴란드 저항조직을 이끌었던 플로리안 마르치니아크(Florian Marciniak)와 다른 저항조직 요원들이 수감되었다. 지금은 「Martyrdom of Fort Ⅶ Prisoners during the Second World War」를 주제로 전시가 되고 있다.

D **72호 감방:** 요새 지하에 있는 가장 작은 독방으로, 아돌프 브닌스키(Adolf Bniński)가 수감되었다.

C **69호 감방:** 1940년 2월 폴란드 성직자와 수도자들이 수감된 감방으로, 당시 수감자 상황을 재현한 조각이 설치되어 있다. 나치 친위대원들은 술을 먹고 와서 찬송을 부르고 종교의식을 거행하도록 지시하고 웃고 조롱하였다. 이에 성직자 루드비크 므지크(Ludwik Mzyk)는 늘 항의하였고, 2월 23일 감옥에서 끌려 나가 구타당한 후 복도에서 죽었다.

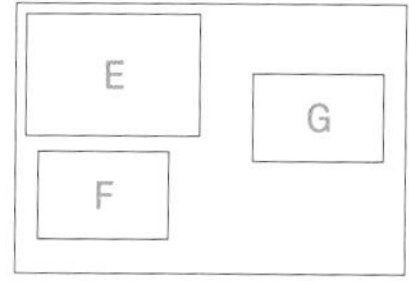

E **죽음의 계단(Stairway of Death):** 수감자들이 무거운 돌을 이고 올라오면, 경비병이 계단 위에서 발로 걷어차기도 하였다.

F **죽음의 벽(Death Wall):** 수감자들이 총살당하던 곳이다. 총알이 튀는 것을 방지하려 목재를 덧대었기 때문에, 총탄 자국이 많이 남아 있지 않다.

G **가스실:** 포트 VII은 민간인 대상의 대량학살을 위해 가스를 처음 사용한 장소이다. 1939년 10월 말일부터 11월 마지막까지 오빈스카(Owińska)와 포즈난에서 온 300명의 정신질환자들이 살해되었다. 사형은 헤르베르트 랑게(Herbert Lange)와 친위대 대위 작스(Sachs)에 의해 집행된 것으로 추측된다. 환자들은 옛 포병창고로 옮겨진 뒤, 가스실이 닫히면 문을 진흙으로 봉하고 일산화탄소를 주입해 죽였다. 시신은 오보르니키(Oborniki) 인근의 로지노비체(Rożnowice) 마을에 있는 숲속 공동묘지에 묻혔다.

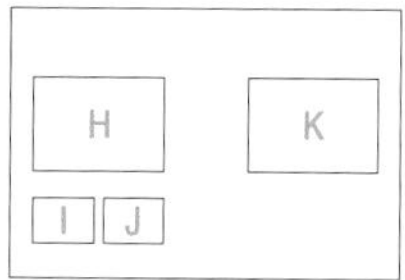

H **희생자 유골항아리**
I, J **수용소에 만들어진 전시공간**
K **희생자 추모비:** 나치 지배하의 폴란드를 위하여 저항활동을 한 지도자들을 위한 추모비

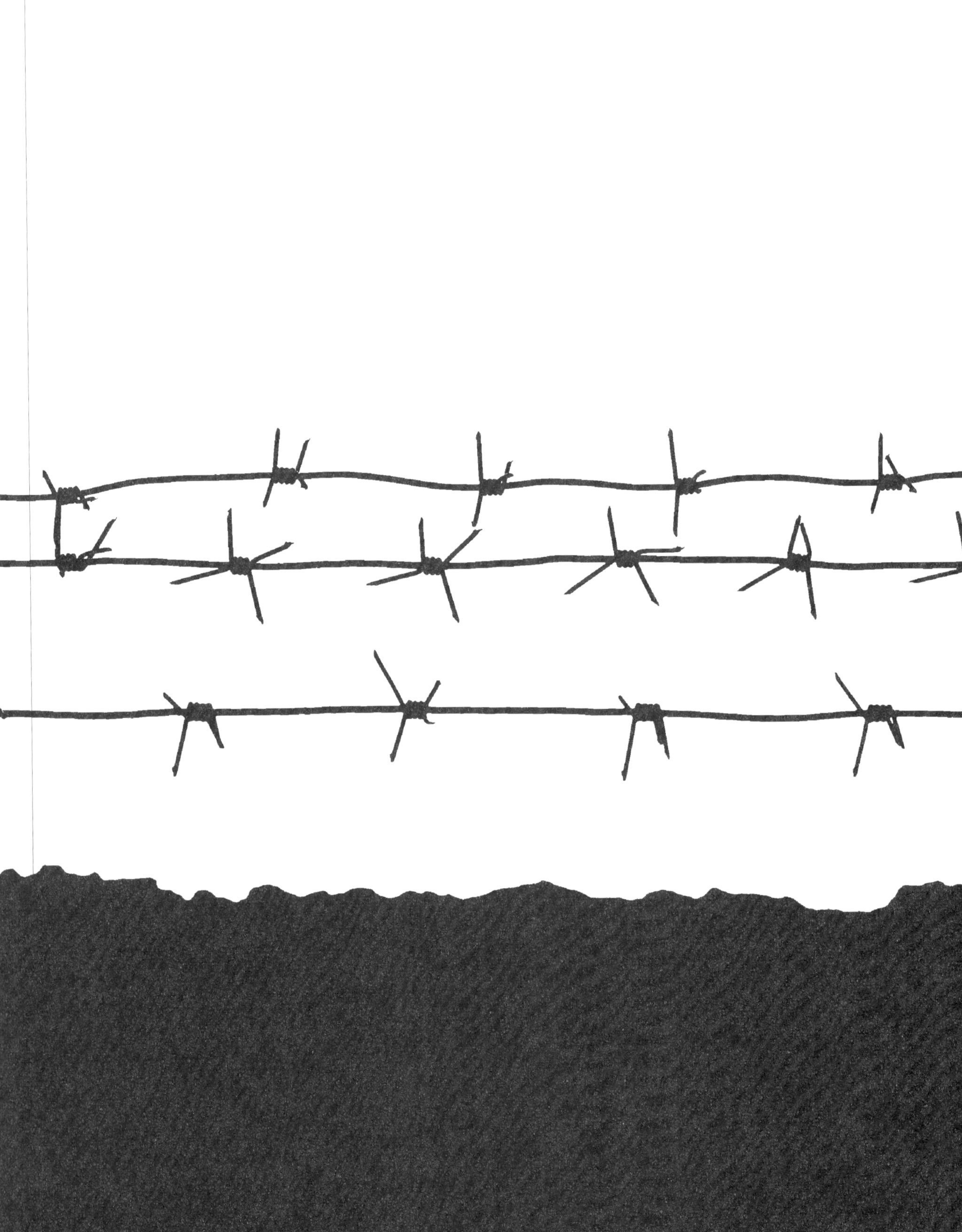

5

체코, 크로아티아, 보스니아 헤르체고비나에 있는 수용소 메모리얼

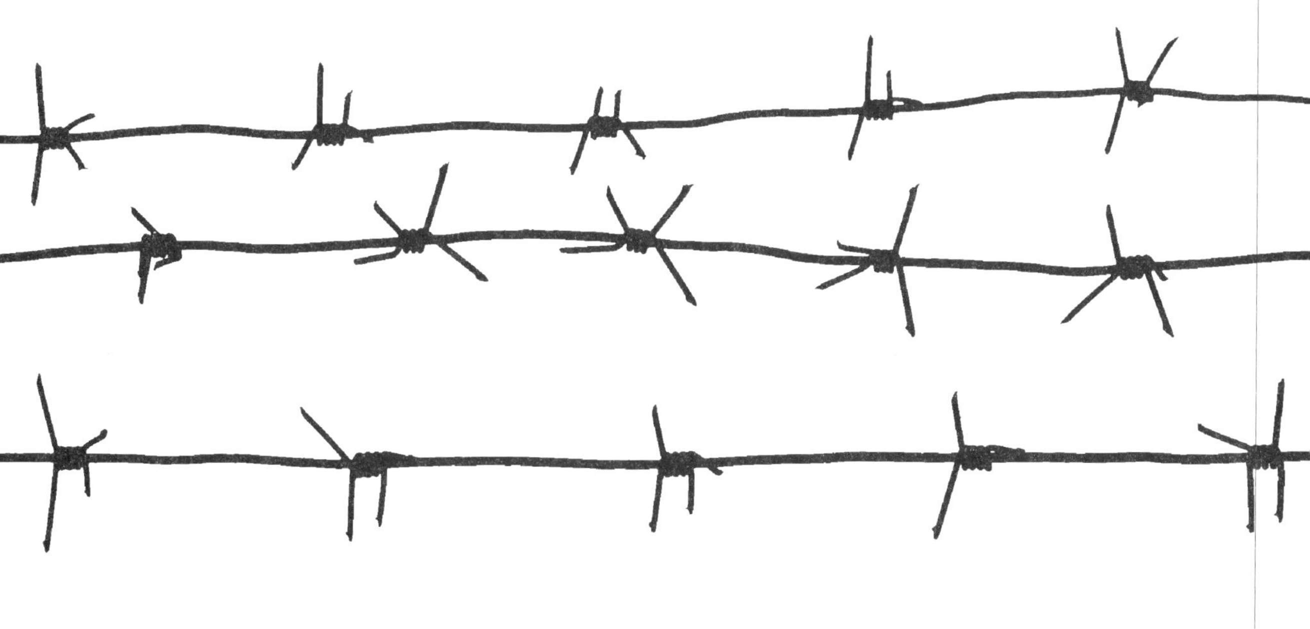

테레진 스몰포트레스 강제수용소 메모리얼

야세노바츠 강제·절멸수용소 부지 메모리얼

돈야 그라디나 절멸수용소 메모리얼

테레진 스몰포트레스 강제수용소 메모리얼

Terezín Memorial, Small Fortress

Památník Terezín, Malá Pevnost

위치 Principova Alej 304, 411 55 Terezín, Czech Republic
홈페이지 http://www.pamatnik-terezin.cz

메모리얼 입구

'스몰포트레스Small Fortress'는 18세기 말에 라베Labe강과 오흐레Ohře강이 합류하는 지점에 만들어진 테레진 성채城砦의 일부분이었다. 이 요새는 초기엔 군 범죄자뿐만 아니라 중부 및 남동부 유럽에서 합스부르크 왕가의 통치에 반대하는 해방투쟁National Liberation Struggle에 연루된 많은 사람들을 수감하는 곳이었다.

나치가 체코 땅을 점령한 1939년 3월에는 반나치세력의 정치범을 수감하는 장소로 사용되었으며, 1940년에는 프라하 게슈타포의 경찰감옥이 이곳에 세워졌다. 경찰감옥이 세워진 후 1940년 6월 14일에 첫 수감자들이 수감되었고, 전쟁이 끝날 때까지 여성 5천 명을 포함하여 약 3만2천 명이 이곳을 거쳐 갔다. 이들은 주로 체코인이었으며, 소련·폴란드·독일·유고슬라비아 등 다른 국가의 사람들도 포함되어 있었다. 1945년에는 소련·영국·프랑스 전쟁포로와 인질이 이 요새에 수감되기도 하였다. 수감자들 대부분은 이곳에 잠시 머물다가 나치 법정에 회부되어 재판을 거친 후, 다른 감옥이나 강제수용소로 보내졌다. 이곳에서는 약 2,600명의 수감자들이 열악한 생활 조건, 병, 고문으로 수용소 안에서 생을 마쳤다. 전쟁이 끝나고 남아 있던 수감자들은 1945년 여름에 본국으로 송환되었다. 1945~48년 사이에 이 요새는 독일인이 체코슬로바키아를 떠나 재정착하기 전 억류장소로 사용되기도 하였다.

1945년 9월 스몰포트레스 앞에 국립묘지가 세워지면서, 스몰포트레스의 게슈타포 경찰감옥, 테레진 유대인 게토, 리토므녜리체Litoměřice의 강제수용소 등에서 희생된 약 1만 명 유해가 이 묘지로 이장되었다. 수감자와 생존자 및 관계자들의 노력으로, 체코슬로바키아 정부는 자유와 민주, 인권을 억압한 비극적 사건의 희생자를 추모하기 위하여 1947년 이곳에 테레진 메모리얼을 세웠다. 공산주의 정권 아래서는 테레진 게토보다 '스몰포트레스'가 더욱 중요한 기념화의 대상이었다.[130]

테레진 스몰포트레스 강제수용소 메모리얼 평면도

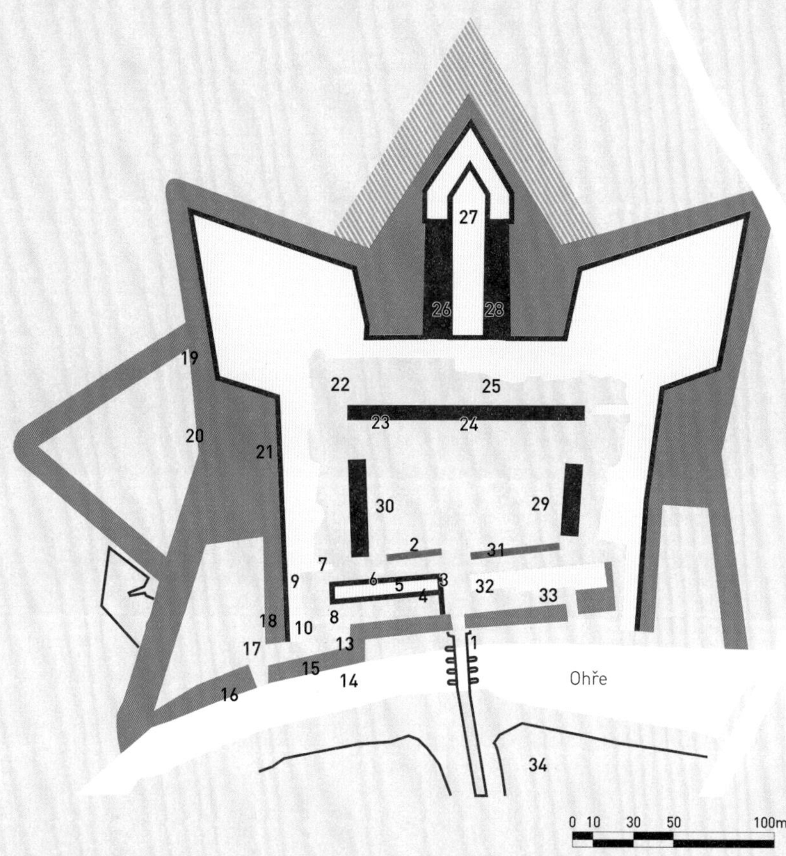

1. Entrance Gate
2. Administration Court
3. Reception Office
4. Guards Office
5. Prison Commanders Office
6. Clothes Store
7. German Phrase, "Arbeit Macht Frei (Work Makes You Free)"
8. First Courtyard
9. Cells
10. Surgery
11. Commanders Office (First Courtyard)
12. Solitary Confinement
13. Bathroom & Delousing Room
14. Sick Room
15. Shaving Room
16. Hospital Block
17. Underground Passage
18. Mortuary
19. Place of Execution
20. Mass Grave
21. Death Gate
22. Pool
23. Cinema
24. Fourth Yard
25. Fourth Yard Administration Center
26. Mass Cell Accommodation
27. Cells in the Yard
28. Solitary Cell in Fourth Yard
29. SS Barracks
30. Prison Commander's House
31. Second Yard
32. Canteen
33. Third Yard
34. National Cemetery

GARAGE 2
ARBEIT MACHT FREI

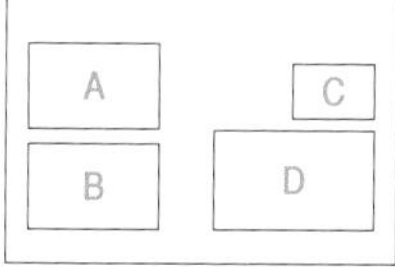

A **국립묘지:** 1만 명의 유대인을 포함하는 나치 희생자의 시신을 안치하였다. 옹벽 옆에는 커다란 '다윗의 별'이 세워져 있다.
B **수용소 문:** 나치 강제수용소의 가장 전형적인 슬로건인 "Arbeit Macht Frei(노동이 너희를 자유롭게 하리라)"가 적힌 문
C **기념명판:** 유대인 희생자를 기리기 위해 이스라엘대사관에서 세웠다.
D **첫째마당(First Courtyard):** 스몰포트레스의 중심 마당으로, 감옥에서 최악의 처우를 받은 소련군 전쟁포로와 유대인 수감자들이 이곳에 수감되었다.

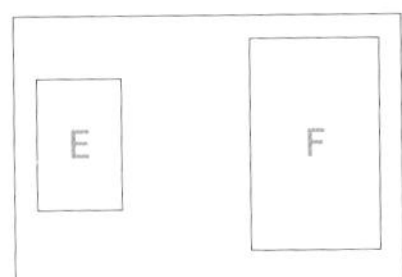

E **요새의 통로:** 첫째마당에서 이어지는 길고 구부러진 터널로, 외부 사형장을 요새화하기 위해 건설되었다.
F **죽음의 문(Death Gate):** 수감자들이 사형장으로 가는 문

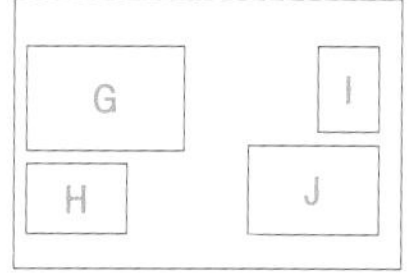

G **넷째마당(Fourth Courtyard):** 1943년 건설을 시작해, 1944년 가을에 처음 수감자를 받았다. 수감자들은 이곳을 '스몰포트레스의 묘지'라고 불렀다. 사진 좌측에 보이는 집단감옥에는 한 때 400~600명이 수용되었으며, 우측의 감옥은 독방이다.

H **넷째마당 모퉁이의 총살 형장:** 1945년 3월 3일, 38번 감방에서 탈옥하다가 붙잡힌 수감자 4명이 이곳에서 총살당했다.

I **공동묘지 맞은편에 세워진 추모조각**

J **넷째마당 앞에 있는 '추모의 홀':** 슬픔에 잠긴 여성 청동상이 있으며, 체코에서 온 수감자들이 고통 받으며 죽어갔던 주요 강제 수용소에서 가져온 흙을 전시하고 있다.

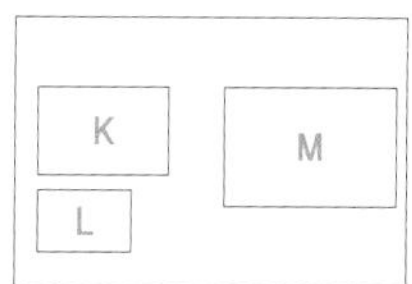

K **박물관:** 나치 친위대 막사로 사용했던 건물을 개조해 박물관으로 사용하고 있다. 이곳은 스몰포트레스뿐만 아니라 나치 점령의 역사를 함께 보여 준다. 수감자들이 게토에서 그린 그림을 전시하고 있다.

L **야외 기념조각공원**

M **박물관 내부 갤러리:** 파시즘, 나치즘, 그리고 전쟁과 투쟁을 주제로 한 전시공간으로, 테레진 수용소에 수감되었거나 죽은 예술가를 위한 작품들이 전시되고 있다.

야세노바츠 강제·절멸수용소 부지 메모리얼

Jasenovac Memorial Site with the Memorial Museum

Spomen Područje Jasenovac s Memorijalnim Muzejom

위치 Braće Radić 147, 44324, Jasenovac, Croatia
홈페이지 http://www.jusp-jasenovac.hr

야세노바츠 수용소 메모리얼의 전경

야세노바츠 수용소는 오늘날 크로아티아와 보스니아 헤르체고비나의 경계인 사라Sara 강변의 넓은 지역에 있는 수용소이다. 수감자 탈출을 방지하기 위해 강과 습지로 둘러싸인 곳에 입지하였고, 원활한 수감자 이송을 위한 철로가 놓여 있었다. 야세노바츠 마을에 인접한 두 곳의 수용소야세노바츠, 돈야 그라디나는 1941년 여름에 만들어졌으며, 곧바로 주요한 수용소가 되었다. 그해 후반에는 강 건너 돈야 그라디나Donja Gradina에서 악명 높은 사형장이 만들어지고, 남동쪽으로 20마일 떨어진 스타라 그라디슈카Stara Gradiška에 여성 및 어린이 수용소가 만들어지면서, 그 규모가 더욱 확대되었다.

제2차 세계대전 동안에는 유고슬라비아의 일부 지역에 나치 독일이 세운 괴뢰국가인 크로아티아 독립국Nezavisna Država Hrvatska의 파시스트 조직 우스타샤에 의해 수용소가 만들어졌다. 우스타샤의 비이성적인 인종정책에 따라 주로 세르비아인, 유대인, 로마, 크로아티아인, 보스니아인 등 수만 명의 수감자들이 야세노바츠 시스템으로 희생되었다. 많은 수감자는 끔찍한 방법으로 돈야 그라디나에서 살해되었으며, 일부는 티푸스와 굶주림 등으로 죽었다.

1945년 4월 21일 유고슬라비아 파르티잔Yugoslav Partisans 부대에 의해 수용소가 해방되었지만, 이미 우스타샤가 수용소의 모든 건물을 파괴하고 범죄의 흔적도 지운 뒤였다. 그 후 1966년에 모뉴먼트 '멜랑콜리 로터스Melancholy Lotus'가 만들어졌고, 1968년에 유고연방 크로아티아 사회주의공화국의 제안으로 야세노바츠 수용소 희생자와 반파시즘 업적을 보전하기 위한 박물관이 설립되었다. 1991년 여름 유고슬라비아 연방이 분열되면서, 야세노바츠 수용소는 오늘날의 크로아티아 영토에 속하고, 돈야 그라디나는 보스니아 헤르체고비나의 스릅스카 공화국Republika Srpska에 속하게 되었다.[131]

오늘날까지 얼마나 많은 사람이 희생되었는지에 대한 열띤 논쟁이 계속되고 있다.

공산주의자는 희생자 수를 부풀려 과장하였으나, 크로아티아 역사가들은 이에 반대하였다.[132] 이러한 논란에도 야세노바츠 수용소는 말할 수 없는 공포의 장소이고, 나치 수용소가 아닌 곳 중 가장 치명적인 강제수용소였음을 부정할 수 없으며, 이 때문에 '발칸 반도의 아우슈비츠'나 '유고슬라비아의 아우슈비츠'로 불리기도 한다.[133]

GDJE JE MALA SREĆA, BLJESAK STAKLA,
LASTAVIČJE GNIJEZDO, IZ VRTIĆA DAH,
GDJE JE KUCAJ ZIPKE, ŠTO SE MAKLA,
I NA TRAKU SUNCA ZLATNI KUĆNI PRAH?
I. G. KOVAČIĆ, JAMA

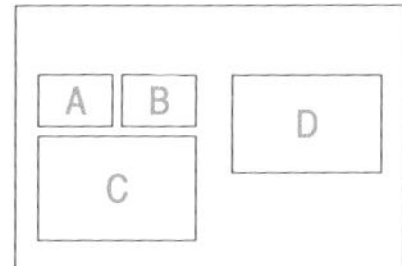

A **청동으로 된 메모리얼 안내판**

B **모뉴먼트의 북쪽 뒷벽에는 이반 고란 코바치치(Ivan Goran Kovačić)의 시 「Jama」(Pit, 구덩이)**

C **기념조각 '멜랑콜리 로터스':** 메모리얼에는 보그단 보그다노비츠(Bogdan Bogdanović)가 만든 거대한 콘크리트 기념조각인 '멜랑콜리 로터스'가 압도적인 규모로 서 있다. 수용소에 있었던 많은 건물을 상징하는 둔덕들로 둘러싸여 있으며, 1966년 7월 4일 재향군인의 날(Veteran's day)에 개막되었다. 콘크리트 벽으로 구획된 6개의 벽감(壁龕)으로 구성되어 있고, 그 기저에는 수반(水盤)이 있다. 모뉴먼트의 지하실은 철도 침목으로 마감되어 있다. 조각가는 철근콘크리트로 만들어진 이 작품을 "가해자와 피해자 양측의 생각을 정화하고 치료를 하는 카타르시스 효과를 준다. 그 누구에게도 모욕하거나 위협하지 않고, 복수를 요구하지도 않지만, 그럼에도 진실을 말하는 것"이라고 하였다.

D **철로와 기차:** 수감자들이 이송될 때 사용된 것과 동일한 형태의 기차가 메모리얼 남쪽 통로로 연결되는 철로 위에 놓여 있다.

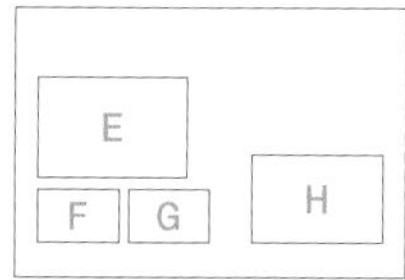

E **박물관:** 공원의 서쪽 끝에는 공산주의 시절에 만들어진 단순한 형태의 박물관이 있다. 1990년대 크로아티아-세르비아 전쟁 중 심각한 피해를 입었는데, 크로아티아는 세르비아가 박물관을 약탈했다고 주장한 반면에 세르비아는 크로아티아군에 의한 신성모독 때문에 파손되었다고 주장하였다. 지금은 보스니안 세르비아가 수집품을 미국 홀로코스트 기념관에 양도하여 새로운 전시를 하는 데 주요한 역할을 하였다.

F **희생자 명부:** 입구에 놓인 책은 1,888쪽에 달하며, 야세노바츠 수용소에서 희생된 사람들의 이름이 적혀 있다.

G **실내 전시공간:** 실내는 어둡고 벽이 낮지만, 멀티미디어 장치를 사용하여 다양한 정보를 제공하고 있다.

H **추모 부조작품:** 조각가 두샨 자몬야(Dušan Džamonja)가 야세노바츠에서 파시즘에 의해 희생된 사람들을 추모하기 위해 1968년에 만든 부조작품

돈야 그라디나 절멸수용소 메모리얼

Donja Gradina Memorial Site

Spomen područje Donja Gradina

위치 79243 Demirovac, Kozarska Dubica, Bosnia and Herzegovina
홈페이지 https://www.jusp-donjagradina.org

돈야 그라나다 메모리얼의 전경: 남쪽의 숲과 넓은 들판은 돈야 그라디나의 공동묘지 대부분을 포함하고 있다. 공동묘지는 낮은 둔덕으로 125기로 구분되는데, 이보다 더 많은 수가 있을 것으로 추정된다.

코자르스코-두비츠가Kozarsko-Dubička 평원의 북동쪽에 있는 돈야 그라디나 절멸수용소는 야세노바츠 수용소로부터 사라Sara강 건너에 위치하고 있으며, 실제적으로 대량학살이 발생한 곳이다. 수감자들은 사라강을 건너는 화물운반선으로 실려 와 교수형·참수형·화형 등 우스타샤의 야만적 학살로 희생되었다.

구 유고슬라비아 연방 때는 야세노바츠 메모리얼의 일부분이었지만, 지금은 국경이 분리되어 보스니아 헤르체고비나의 세르비아 지역인 스릅스카 공화국Republika Srpska에 속해 있다. 이런 이유로 크로아티아의 야세노바츠를 방문하는 사람들은 돈야 그라디나의 존재를 깨닫지 못하는 경우가 많다. 이곳을 방문하는 사람들 대부분은 세르비아인이며, 크로아티아와 세르비아의 서로 다른 역사적 시각을 이해하면서 당시 수용소의 구조를 파악하는 데 도움이 되는 곳이다.[134]

현재 돈야 그라디나는 116ha 규모의 부지에 토폴레Topole, 흐라스토비Hrastovi 묘역을 포함해 9곳의 묘역으로 나누어진 125기의 많은 공동묘지가 있다. 우스타샤의 인종학살 희생자 무덤과 부지에 관한 많은 조사가 이루어졌음에도, 아직도 발굴되지 않고 불명확한 것이 많다.

1991년 9월, 유고슬라비아 연방이 분리되면서 메모리얼 지역이 두 곳으로 나누어진 후, 돈야 그라디나 기념구역은 그 지위를 잃게 되어 제도적으로 관리되지 않았다. 1996년 7월 9일에 스릅스카 공화국 자치국회는 돈야 그라디나 메모리얼 부지에 관한 법률을 통과시킴으로써, 공식적으로 "Public Institution Memorial Zone, Donja Gradina"로 불리게 되었다.[135]

메모리얼 안내 석조 조형물

묘지구역 '토폴레'로 가는 길

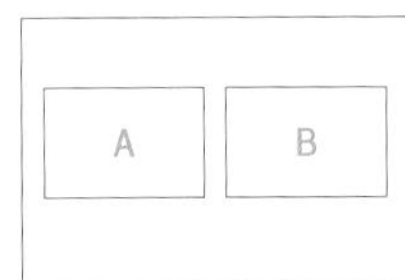

A **비누공장 시설 전시:** 커다란 통(canister, vat)들은 우스타샤가 수감자의 신체로 비누를 만드는 데 이용했다고 전해지고 있다. 하지만, 전 사령관이었던 딘코 샤키치(Dinko Šakić)는 1999년 재판에서 "비누를 만들려는 시도는 있었으나, 실패했다"고 진술했다.

B **세르비아인에 의한 희생자 표시와 십자가:** 도로가 동쪽의 숲속지역으로 들어갈 때, 정교회 십자가(Orthodox Cross), 다윗의 별, 차크라 휠(Chakra Wheel, 집시 로마를 나타내는 상징)이 이곳의 주요한 희생자를 나타낸다. 커다란 숫자 표시(70만 명 중에서 50만이 세르비아인)는 역사가들이 거의 인정하지 않는 야세노바츠 수용소에 대한 세르비아인의 관점을 반영하고 있다.

700 000
ЖРТАВА УСТАШКОГ ГЕНОЦИДА
У КОНЦЕНТРАЦИОНОМ ЛОГОРУ
ЈАСЕНОВАЦ
victims of the Ustashi crime of
genocide in the concentration
camp Jasenovac
500 000
СРБА
SERBS
40 000
РОМА
ROMA
33 000
ЈЕВРЕЈА
JEWS
20 000
ДЈЕЦЕ
127 000
АНТИФАШИСТА

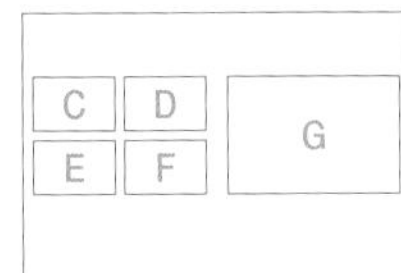

C **묘지구역 '얀센(Jansen)'**
D **묘지구역 '흐라스토비(Hrastovi)'**
E **묘지구역 '오를로바체(Orlovače)'**
F **묘지구역 '브리예스토비(Brijestovi)'**
G **'공포의 포플러(Poplar of Horror):** 수천 명의 남성·여성·어린이 등 야세노바츠 수감자들을 목매달았던 나무에서 비롯한 이름이다.

5 _ 체코, 크로아티아, 보스니아 헤르체고비나에 있는 수용소 메모리얼

1 _ 강제수용소 설립과 변화

63. Barbara Distel *et al.*, *The Dachau Concentration Camp, 1933 to 1945*, Comité International de Dachau, 2005, pp.17, 40~43.

64. 독일에서 생겨난 국가사회주의는 나치즘으로 알려져 있기도 하다. 자유민주주의와 의회 제도를 반대하고 독재적 지배를 하였으며, 반유대주의·반공산주의·민족주의 등의 특성을 가지고 대중을 선동하였다. 1945년 4월 베를린이 점령되고 히틀러가 자살함으로써 종말을 맞이했다.

65. 제2차 세계대전이 시작되면서 나치 독일과 소련이 폴란드를 침공하여 점령하였고, 이후 폴란드 공화국은 중심에 독일 행정부가 수립된 총독부지역, 서부의 나치 독일 합병지역, 동부의 소련 병합지역 등 3개의 지역으로 분할되었다. 1939년 10월에 세워진 총독부의 관리는 모두 독일인으로 구성되었고, 독일에 의해 별도의 행정조직으로 운영되었다. 나치 독일은 이 지역의 폴란드 주민을 몰아내고 독일인 이주자에 의한 식민지로 만들려고 하였다. 총독부는 1945년까지 폴란드 중부 및 남부 지역 대부분을 점유하였고, 바르샤바·크라쿠프·루블린 등 폴란드의 주요 도시들이 관할 지역 안에 포함되었다. 1939년 총독부 창설 이후 1944년 후반 소련군이 들어와 붕괴될 때까지 총독부 지역에서는 4백만의 인명이 희생되었으며, 2백만 명 정도의 유대인이 살해되었다. 전쟁이 끝난 후 총독이었던 한스 프랑크(Hans Frank)는 전범으로 사형되었고, 폴란드 국립대법원(Supreme National Tribunal)에서는 "총독부를 불법적 조직인 범죄 단체"라고 선언하였다.

66. '절멸수용소(絶滅收容所, 영어: extermination camp, 독일어: Vernichtungslager)'라는 명칭은 공식적으로 없으나, 나치 독일이 제2차 세계대전 중 대량학살을 목적으로 만든 아우슈비츠, 헤움노, 베우제츠, 마이다네크, 소비보르, 트레블링카 수용소를 말한다. 아우슈비츠와 헤움노 수용소는 독일이 병합한 폴란드 서부에 있고, 다른 네 곳은 독일 점령 하의 폴란드 총독부 관할 지역에 있었다. 유럽에서 가장 많은 유대인이 폴란드에 살고 있는 데다가 이송하기 어려웠으며, 독일의 일반 시민에게 절멸수용소의 존재를 숨기고 싶었던 이유로, 나치는 폴란드에 절멸수용소를 설치했다.

67. Martin Winstone, 앞의 책, 2015, pp.1~12.

2 _ 강제수용소 기념적 경관

68. Barbara Distel *et al.*, 앞의 책, 2005, pp.42~43.

69. Donja Gradina Memorial Site (https://www.jusp-donjagradina.org)

70. Lucy S. Dawidowicz, *The War Against the Jews, 1933-1945*, New York: Bantam, 1986.

71. 제2차 세계대전 당시에 나치 독일이 점령하였던 국가들은 제3제국의 지배하에 있었으므로, 영토와 정치·사회적 상황이 지금과 달랐고, 전쟁 이후 국가별로 홀로코스트에 대한 입장과 이해를 달리하였다. 이를 고려하여 국가별 구분보다는 강제수용소 각각에 초점을 두어 기술하고자 한다.

3 _ 독일에 있는 수용소 메모리얼

72. Barbara Distel *et al.*, 앞의 책, 2005, pp.25~34.

73. Martin Winstone, 앞의 책, 2015, pp.118~123.

74. Barbara Distel *et al.*, 앞의 책, 2005, pp.25~34.

75. Barbara Distel *et al.*, 앞의 책, 2005, p.17: Stanislav Zámečník, "The Dachau Concentration Camp in the System of the National Socialist Dictatorship."

76. Barbara Distel *et al.*, 앞의 책, 2005, pp.28~29, 216.

77. Joachim Wolschke-Bulmahn (ed.), *Places of Commemoration: Search for Identity and Landscape Design*, Washington DC: Dumbarton Oaks Research Library and Collection, 2001, p.271: Joachim Wolschke-Bulmahn, "The Landscape Design of the Bergen-Belsen Concentration Camp Memorial."

78. 독일 프랑크푸르트에서 풍요롭게 살고 있던 안네 가족은 나치의 유대인 박해가 심해지자 네덜란드 암스테르담으로 이주했다. 그러나 1941년 나치 독일이 네덜란드를 점령하였고, 강제수용소로 가게 될지 모르는 운명에 처하자 1942년 7월경부터 그녀의 가족은 식료품 공장의 창고와 뒷방 사무실에서 2년간 숨어 지냈다. 그러나 1944년 8월 4일 게슈타포에 의해 발각되어 아우슈비츠로 끌려갔으며, 어머니(Edith)는 그곳에서 죽고, 안네(Anne)와 마르고트(Margot)는 베르겐-벨젠 수용소로 이송되어 1945년 티푸스에 걸려 생을 마감하였다. 러시아 군대가 아우슈비츠를 해방시켰을 때, 살아남은 아버지 오토 프랑크(Otto Frank)는 암스테르담으로 돌아와 안네 친구들이 보관하고 있던 안네의 일기를 『어린 소녀의 일기(Het Achterhuis)』로 출판하였다. 안네는 어렵고 힘든 상황에서도 "그 모든 일에도 불구하고, 내가 믿는 것은 사람들의 진심은 정말 착하다는 것이다"라고 일기에 적었고 희망을 잃지 않았다.

79. Diana Gring and Jens-Christian Wagner, *Children in the Bergen-Belsen Concentration Camp*, Celle: Lower Saxony Memorials Foundation, 2018, p.4.

80. Joachim Wolschke-Bulmahn (ed.), 앞의 책, 2001, pp.257~268: Sybil Milton, "Perilous Landscapes: Concentration Camp Memorials between Commemoration and Amnesia."

81. Joachim Wolschke-Bulmahn, (ed.), 앞의 책, 2001, pp.269~300.

82. 하인리히 힘러와 다른 나치 범죄 연루자들은 자연보호에 열을 올렸다. 그들의 지시서에도 나타나고 있는 것처럼, "나치 친위대가 소유하는 모든 부지는 새들이 둥지를 틀 수 있도록 해야 한다"고 하였다. [Joachim Wolschke-Bulmahn (ed.), 앞의 책, 2001, pp.257~268]

83. 자동차의 한 종류인 밴(van) 차량에 가스를 주입하여 사람을 죽이기 위해 개발된 시설로, T4 작전에 사용된 이후 헤움노 수용소에서 본격적으로 사용되었다.

84. Martin Winstone, 앞의 책, 2015, pp.92~95.

85. 내무인민위원회[內務人民委員會, 러시아어로는 Народный Комиссариат Внутренних Дел(약어: НКВД)]는 소비에트 연방의 정부기관이자 비밀경찰이다.

86. 무장인민경찰은 독일민주공화국(동독)의 경찰 기관이다. 서독의 경찰 기관과 달리 인민경찰은 군사 훈련을 받은 장갑차 부대와 포병 부대를 갖추고 있었다.

87. 1952년 창설된 인민경찰(KVP)에 뿌리를 두고 1956년 3월 1일에 창설된 독일민주공화국(동독)의 군대이며, 1990년 독일 통일 이후 서독의 독일연방군(Bundeswehr)에 편입되었다.

88. Gedenkstätte und Museum *Sachsenhausen, Sachsenhausen Memorial and Museum Brief History and Site Plan*(브로슈어), Brandenburg Memorials Foundation, 2015.

89. Günter Morsch & Astrid Ley (ed.), *Sachsenhausen Concentration Camp 1936–1945: Events and Developments*, Berlin: Metropol Verlag, 2016.

90. 나치가 1933년 권력을 잡으면서 프로이센 주에 설립한 최초의 구금시설로서, 초기의 독일 집단수용소였다. 베를린 지역에서 나치당의 정치적 반대세력인 주로 독일 공산당과 사회민주당 의원들과, 다수의 동성애자들이 수감되었다. 이 시설은 1934년 나치친위대에 인계되었으며, 1936년에 수용소가 폐쇄되고 작센하우젠 수용소로 이전되었다.

91. 구 소련에서 독립한 국가들의 연합이다. 1991년 1월에 결성되었으며, 러시아를 주축으로 하여 몰도바, 벨라루스, 아르메니아, 아제르바이잔, 우즈베키스탄, 카자흐스탄, 키르기스스탄, 타지키스탄 등으로 구성되어 있다. 대부분 경제적 자립도가 낮아 러시아에 경제적 의존을 하고 있지만 큰 역할을 하고 있지는 못하다. 독립국가연합 구성국 중 친러 성향이 강한 카자흐스탄, 벨라루스, 키르기스스탄, 아르메니아가 러시아와 함께 유럽연합(EU)을 본떠서 유라시아경제연합(EAEU)을 구성하여 기능을 수행하고 있다.

92. Ravensbrück Memorial, *Ravensbrück: Historical Overview and Map – Memorial*, Brandenburg Memorials Foundation, 2016; Insa Eschebach (ed.), *Ravensbrück. The Cell Building: History and Commemoration*, Berlin: Metropol Verlag, 2008.

93. 미군이 수용소를 해방한 후 널려진 시신 더미와 수용소에서 벌어진 잔혹한 장면을 보고, 연합군 사령관 아이젠하워는 바이마르 주민들에게 의무적으로 부헨발트 수용소에서 어떠한 만행이 벌어졌는지 보도록 하였다. 그런데 그들은 이 사실을 부정하거나 몰랐다고 주장하였다. 무관심이 이러한 비극의 또 다른 원인이 되었다. 독일이 자랑하는 문학가 괴테와 실러가 고전주의 문학을 꽃피우고, 최초의 공화국 헌법이 공포되었던 대표적 문화도시 바이마르에서 불과 10km 떨어진 곳에서 잔혹한 대학살이 벌어졌다는 사실을, 국가사회주의가 팽배했던 바이마르 시민들은 인정하지 못하였다. (부헨발트 전시관 사진 「I didn't know」 인용)

94. Philipp Neumann-Thein (ed.), *A Visitors' Guide to Buchenwald Memorial*, Weimar: Buchenwald and Mittelbau-Dora Memorials Foundation, 2017; "Biographies of Artists," *Means of Survival – Testimony – Artwork – Visual Memory*, Weimar: Buchenwald and Mittelbau-Dora Memorials Foundation, 2016 (브로슈어); Volkhard Knigge, *The History of the Buchenwald Memorial Visitors' Comprehensive Guide*, Weimar: Stiftung Gedenkstätten Buchenwald und Mittelbau-Dora, 2000.

95. Martin Winstone, 앞의 책, 2015, pp.108~112.

96. James E. Young (ed.), 앞의 책, 1994, pp.19~38.

97. 독일민주공화국(독일어: Deutsche Demokratische Republik, 영어: German Democratic Republic)은 서독과 통일이 이루어지기 전인 1949년 10월 7일부터 1990년 10월 3일까지 독일 동부지역에 있었던 공산국가였다. 우리나라에서는 독일어 'Ostdeutschland'의 뜻인 동독(東獨)을 주로 사용했기 때문에, 이 책에서는 '동독'으로 표기한다.

98. Philipp Neumann-Thein (ed.), 앞의 책, 2017.

99. James E. Young (ed.), 앞의 책, 1994, pp.111~119: Claudia Koonz, "Germany's Buchenwald: Whose Shrine? Whose Memory?"

100. Buchenwald and Mittelbau-Dora Memorials Foundation, "The New Conception of the Memorial since 1990" [https://www.buchenwald.de/en/612]

101. 1955년 소련, 폴란드, 동독, 헝가리, 루마니아, 불가리아, 알바니아, 체코슬로바키아 등 동구권 8개국이 북대서양조약기구(NATO)에 맞서기 위해 조직한 정치·군사 동맹 기구를 말한다. 이 기구는 사실상 소련군 최고사령부 하에 있었기 때문에 냉전 시대에 동유럽을 공고하게 통제하기 위한 방법으로 이용되었다. 1990년 10월 독일이 통일되면서 동독이 탈퇴하였고, 바르샤바조

약기구는 1991년 7월 1일 공식적으로 해체되었다.

102. 미텔바우는 1944년 3월 독일 중심(Mitte)에 있는 지하시설에 융커스(Junkers)사의 항공기 공장을 만드는 데서 이름이 고안되었다. 1943년 8월 28일부터 부헨발트 강제수용소의 부속 수용소였던 도라 수용소는 부지의 기능을 숨기려고 독일 표음문자로부터 그 이름을 따왔다.

103. Buchenwald and Mittelbau-Dora Memorials Foundation, *Guide to Mittelbau-Dora Concentration Camp Memorial*, 2017; Martin Winstone, 앞의 책, 2015, pp.105~108.

4 _ 폴란드에 있는 수용소 메모리얼

104. 1989년 민주화 이후, 폴란드 정부를 포함해 폴란드인에 의한 조직의 상당수는 점령하의 폴란드에 있던 나치의 절멸수용소를 "폴란드의 수용소"라고 부르는 것은 폴란드가 설립한 수용소일 것 같은 오해를 불러오는 무지하고 악의적 표현이므로, "점령 하 폴란드에서의(나치스의) 수용소"라고 하도록 요구하고 있다. 1939년 나치 독일의 침공으로 폴란드 본토가 점령되어 런던에 폴란드 망명정부가 있었으며, 독일이 병합한 폴란드는 '서부'와 독일 점령하의 '폴란드 총독부' 등으로 나뉘어 실제적인 통치는 나치가 하였다. 제2차 세계대전 중 나치 독일에 협력한 괴뢰정권이 있던 것이 아니고, 폴란드에 절멸수용소를 둔다는 결정을 내린 것도 나치 독일이었다는 주장이다.

105. 요제프 멩겔레(Josef Mengele, 1911~1979)는 나치 친위대 장교이자 아우슈비츠 수용소의 내과 의사였다. 그는 수용소로 실려 온 유대인을 가스실로 보내는 선별작업을 하였고, 수감자들을 대상으로 생체실험을 벌여 악명이 높았다.

106. 절멸수용소에서 유대인을 가스실로 유도하고 시체처리를 담당하던 유대인으로서, 나치 친위대는 젊은 유대인 수용자를 대상으로 존더코만도를 선발하였다. 다른 유대인 수감자보다 좀 더 나은 생활환경을 제공받고 비교적 자유롭게 돌아다닐 수 있었으나, 노동을 착취당하다가 결국에는 그들도 죽임을 당했다.

107. UN 국제 홀로코스트 기념일(UN International Holocaust Remembrance Day)

108. Jacek Lachendro (ed.), *German Places of Extermination in Poland*, Piłsudskiego: Wydawnictwo Parma press, 2014, pp.6~8: Jacek Lachendro, "Auschwitz"; Martin Winstone, 앞의 책, 2015, pp.273~285.

109. Teresa Świebocka, Jadwiga Pinderska-Lech & Jarko Mensfelt, *Auschwitz-Birkenau: The Past and the Present*, Oświęcim: Museum Auschwitz-Birkenau State Museum, 2016, p.14.

110. 정식명칭은 비밀국가경찰(Geheime Staatspolizei)이며, 나치 친위대와 더불어 체제강화를 위하여 위력을 발휘하던 국가권력기구이다.

111. 소련 공산주의자 조사자들은 화장장 용량에 근거를 두고 계산하여 400만 명이 죽은 것으로 수를 부풀렸으며, 이 숫자는 부지 주변의 전시물이나 때로는 공공강연에서 언급되기도 하였다. 1990년대 후반 이후로 이러한 내용은 근거가 미약하고 부정확하기 때문에 부정되었다. 박물관 당국은 대체로 역사가들이 제시한 '110만 명 이상'(유대인 100만 명, 비유대계 폴란드인 7만5천 명, 신티·로마 2만1천 명, 소비에트 전쟁포로 1만5천 명 등을 포함)을 인정하고 있다.

112. Martin Winstone, 앞의 책, 2015, pp.273~285.

113. James E. Young (ed.), 앞의 책, 1994, p.24.

114. 유일하게 네덜란드 정부에 이송자에 관한 정확한 기록이 남겨져 있다. 웨스터보르크(Westerbork)과 뷔흐트(Vught)에서 소비보르 수용소로 34,313명이 왔으며, 이 중 18명만 살아남았다.

115. Jacek Lachendro (ed.), 앞의 책, 2014, pp.46~57: Marek Bem, "Sobibor"; Robert Kuwałek & Krzysztof Skwirowski, *Death Camp in Sobibor*(브로슈어), 2016; Museum and Memorial in Sobibor, the Nazi German Extermination Camp (http://www.sobibor-memorial.eu).

116. Jacek Lachendro (ed.), 앞의 책, 2014, p.37: Robert Kuwałek, "Belzec"; Martin Winstone, 앞의 책, 2015, pp.258~262; Muzeum-Miejsce Pamieci w Belzcu, *Bełżec Death Camp*(브로슈어), 2015.

117. Robert Kuwalek, 위의 글, pp.36~45; Jarosław Joniec & Ewa Koper, *The Museum-Memorial Site in Bełżec*(브로슈어), 2016.

118. Martin Winstone, 앞의 책, 2015, pp.244~248.

119. 게토와 절멸수용소에서 일련의 봉기가 발생하자 하인리히 힘러는 독일이 점령한 루블린 지구에 남아 있는 강제노동에 동원된 유대인을 학살하라고 지시하였으며, '수확제 작전'에 따라 1943년 11월 3일 마이다네크 수용소를 비롯하여 트라브니키(Trawniki) 등에서 약 4만 명이 희생되었다.

120. Jacek Lachendro (ed.), 앞의 책, 2014, pp.70~83: Janina Kiełboń, "Majdanek"; Kamila Czuryszkiewicz & Tomasz Kranz, *The State Museum at Majdanek*(브로슈어), 2016; Agnieszka Kowalczyk-Nowak (ed.), *Majdanek Memorial and Museum*, Lublin: Państwowe Muzeum na Majdanku, 2014, p.6; Robert Kuwałek, *From Lublin to Bełżec: Traces of Jewish Presence and the Holocaust in South-Eastern Part of the Lublin Region*, Lublin: AD REM, 2011, pp.8~9.

121. 브란덴부르크(Brandenburg)와 베른부르크(Bernburg) T4 센터에서 일했던 내과 의사로, 약물을 이용한 처형에 참여하였으며, '안락사 의사'로 악명이 높았다. 의사로서는 유일하게 제2차 세계대전 중 절멸수용소를 지휘하였다.

122. T4 안락사 프로그램에 참여했던 소비보르와 트레블링카 수용소의 사령관이었다. 전쟁 후 시리아를 거쳐 브라질에서 살다가 체포되었다. 독일로 추방된 뒤, 1970년 12월 뒤셀도르프 법정에서 종신형을 선고받아 1971년 6월에 감옥에서 사망하였다.

123. Martin Winstone, 앞의 책, 2015, pp.225~229; Jacek Lachendro (ed.), 앞의 책, 2014, pp.58~69: Edward Kopówka, "Treblinka"; Edward Kopówka, *The Museum of Fight and Martyrdom in Treblinka*, Treblinka: The head of the Museum of Fight and Martyrdom(브로슈어), 2015.

124. 1878년 바르샤바에서 출생한 야누시 코르차크는 대학에서 의학을 전공하고 바르샤바에서 저명한 의사가 되었다. 또한, 『거리의 아이들』과 『살롱의 아이들』 등 소설을 발표하여 유명작가로도 활동하였다. 그는 아이들에게 많은 관심을 보였고, 의사로서 장애아 치료를 위해 노력하였으며, 바르샤바에 '고아의 집', '우리들의 집' 등의 시설을 마련하여 운영하였다. 1942년 8월 제2차 세계대전 중, '고아의 집' 어린이들과 함께 암흑의 시대를 살았던 지식인의 고뇌 속에 트레블링카 수용소의 가스실에서 학살되었다.

125. Jacek Lachendro (ed.), 앞의 책, 2014, pp.84~95: Łucja Pawlicka-Nowak, "Kulmhof am Ner."

126. Martin Winstone, 앞의 책, 2015, pp.298~302.

127. 수용소의 모습은 유대인 1,100명을 구출한 오스카 쉰들러(Oskar Schindler)의 생애를 주제로 한 영화 『쉰들러 리스트』에 잘 나타나 있으며, 영화감독인 스티븐 스필버그는 인근의 리반 채석장에 수용소 세트를 만들어 사용하기도 하였다.

128. Martin Winstone, 앞의 책, 2015, pp.270~273.

129. Agnieszka Eszner (ed.), *Fort VII: The German Nazi Camp in Poznań: Guidebook*, Poznań: Museum of Struggle for Independence of Wielkopolska, 2014.

5 _ 체코, 크로아티아, 보스니아 헤르체고비나에 있는 수용소 메모리얼

130. Martin Winstone, 앞의 책, 2015, pp.176~177; Terezin Memorial, *Small Fortress Terezin*, 2019 (브로슈어); Ludmila Chládková, *The Terezin Ghetto*, Praha: Jitka Kejřová, V Ráji, 2016; Vojtěch Blodig, Ludmila Chládková and Miroslava Langhamerová, *Places of Suffering and Braveness: The facilities of Nazi Repression in Terezin and Litomerice*, Praha: Jitka Kejřová, V Ráji, 2018.

131. *Memorial Donja Gradina*, Memorial Donja Gradina, 2018, pp.10~11; Donja Gradina Memorial Site (https://www.jusp-donjagradina.org).

132. 세르비아에 널리 퍼져 있는 공산주의자들은 적어도 70만 명 이상이 살해되었을 것으로 추정한다. 이것이 사실이라면 야세노바츠 수용소는 비르케나우와 트레블링카에 이어서 유럽에서 세 번째로 치명적인 수용소이다. 그러나 파시스트를 물리친 공산주의자들이 정당성을 확보하려고 희생자 수를 과장하였고, 유고슬라비아가 전쟁배상금을 최대로 얻어 내려는 목적이 있었으며, 수년 후 세르비아 국가주의자들이 국가의 지위를 얻고자 크로아티아의 주장에 반대하는 것을 정당화하기 위해 사용하였다. 우스타샤의 파기로 정확한 기록이 유지되지 않았기 때문에, 진실은 알려져 있지 않다. 야세노바츠 박물관은 공식적으로 어린이 18,812명을 포함하여 69,842명을 희생자로 확인하고 있으며, 세르비아인(정교도) 4만 명, 로마 1만5천 명, 유대인 1만 명 이상 등으로 추정하고, 실제는 조금 더 많을 것으로 판단하는 것이 합리적이다. (Martin Winstone, 앞의 책, 2015, pp.391~395)

133. Martin Winstone, 앞의 책, 2015, pp.391~395.

134. Martin Winstone, 앞의 책, 2015, pp.395~396.

135. *Memorial Donja Gradina*, Memorial Donja Gradina, 2018, pp.10~11; Donja Gradina Memorial Site (https://www.jusp-donjagradina.org).

BERLIN

4편

홀로코스트 강제수용소 메모리얼에 나타난 기념적 경관

1

강제수용소의 청산과 망각

강제수용소 수감자의 봉기와 함께 잔혹한 학살이 외부에 알려지고 전쟁이 막바지에 이르자, 나치 친위대는 수용소에 있는 가스실·화장장 등 시설을 파괴하고 서류를 없애 학살의 흔적을 지우려고 하였다. 폴란드에 위치한 베우제츠 수용소, 소비보르 수용소, 트레블링카 수용소, 헤움노 수용소에서는 수용소 시설을 완전히 파괴하며 흔적을 없애려 했고, 인공적인 조림을 하여 그 장소들을 숨기려 하였다.

1943년 6월 나치 친위대는 베우제츠 수용소를 완전히 파괴하였으며, 세 번째로 많은 희생자가 발생한 수용소였음에도 가장 심각하게 잊혔다. 소비보르 수용소에서는 1943년 10월 14일에 발생한 수감자들의 무장폭동 이후, 나치는 곧바로 수용소를 폐쇄하고 인종학살의 증거를 숨기기 위해 가스실을 없애고 철조망과 막사를 해체하였으며, 수용소 지역에 소나무숲을 인공적으로 조성하였다. 마찬가지로 트레블링카 수용소에서도 1943년 8월 2일 무장폭동이 일어났으며, 나치는 학살의 흔적을 없애기 위해 그해 11월에 모든 수용소 시설과 설비를 파괴하였다. 베르겐-벨젠 수용소는 해방 직후 전염병의 확산을 방지하고자 모든 시설이 불태워져 파괴되면서 황량하게 변했으며, 헤움노와 야세노바츠 수용소 등에서도 모든 수용소 시설이 파괴되어 흔적이 없어지고 인공적으로 조림되었다. 역설적으로 수십 년의 시간이 흘러 폐허가 된 땅은 수목이 성장하여 자연스럽고 낭만적 분위기마저도 느껴진다.

한편, 독일에 있는 다하우 수용소는 해방되면서 수용소 시설이 보전되었으나 점차 시설이 훼손되었고, 작센하우젠·부헨발트 등과 같은 일부 수용소는 군사 및 정치적 목적으로 오용되어 시설이 파괴되었다. 또한, 아우슈비츠-비르케나우 수용소 및 마이다네크 수용소에서도 화장장 및 가스실 등 일부 시설의 파괴되었다. 이러한 수용소에는 일부 수감자 막사와 입구 등 시설이 남겨지고 과거의 기록을 통하여 시설이 복구될 수 있었으며, 이를 통해 강제수용소를 대표하는 공간 구조 및 대표적 경관이 남겨졌다. 더욱이 수용소의 원형으로서 다하우 및 작센하우젠 강제수용소, 연합군에 의해 최초로 해방되었던 마이다네크 수용소, 공산주의 선전에 집중한 부헨발트 수용소, 그리고 가장 많은 희생자가 발생했던 아우슈비츠-비르케나우 수용소는 많은 사람들에게 주목을 받았다.

베르겐-벨젠 강제수용소의 폐허

2

장소의 기억과 유적

비르케나우 절멸수용소의 경비 건물 위에서 본 철로와 유대인 플랫폼(Judenrampe)

이처럼 강제수용소는 해방 직후 서로 다른 역사적 경관을 형성하였다. 대부분의 수용소는 기억의 장소로서 잊혔지만, 1944년 마이다네크 수용소에 처음으로 주립박물관이 설립되었다. 이어서 1947년 아우슈비츠 수용소에도 박물관이 만들어지게 되었으며, 1947년 폴란드와 1955년 서독에서 수용소의 보전과 관련된 법령이 제정되어 오랜 망각의 시간 속에서도 오늘날까지 수용소 유적이 유지되도록 하는 데 근거가 되었다. 또한, 다하우나 베르겐-벨젠 수용소에서 생존자들이 수용소 유적과 경관을 보전하려한 노력도 수용소의 보전에 크게 기여하였다. 1970년대와 1980년대 들어서 홀로코스트에 대한 문학과 예술 분야의 관심이 높아지고, 기억의 장소로서 수용소 메모리얼에 대한 국제적인 정치·사회적 관심이 커지면서, 수용소 유적을 보호해야 하는 당위성이 더욱 높아졌다.

수용소에서 가스실 및 화장장, 유해 및 공동묘지, 경비초소 및 전기울타리, 철로 및 플랫폼, 수용소 막사, 그리고 배수로는 수용소 분위기를 드러내는 대표적 시설이다. 특히, 다하우 강제수용소와 작센하우젠 강제수용소에 나타난 수용소 본래의 공간적 형태와 경비초소, 철조망, 배수로 등은 수용소의 기본적 구조를 잘 보여주고 있다.

마이다네크 수용소와 다하우 수용소에 있는 가스실 및 화장장, 비르케나우 수용소의 파괴된 화장장과 가스실, 그리고 베르겐-벨젠, 소비보르, 마이다네크, 돈야 그라디나 수용소에 버려진 유해와 대규모 공동묘지는 수용소의 참혹한 역사를 잘 나타내었다. 이 밖에 수감자들이 이송되어 도착하였던 철로 및 플랫폼도 강한 장소적 의미를 지니고 있다. 이와 같이 수용소 유적은 폐허 속에서 그것 자체로 사건과 장소의 기억을 강하게 불러일으키는 중요한 요소로 남겨져 있다. 부지에 대한 기억은 시간과 장소를 통해 연결된다. 장소는 과거의 기억을 회상하고 부활시키는 연상력聯想力을 갖고 있으므로, 유적을 보존하는 것만으로도 강력한 기념성을 지닌다.

3

추모와 기념을 위한 모뉴먼트

홀로코스트 강제수용소 메모리얼 중에서 보전이 비교적 잘 되었던 다하우 수용소, 아우슈비츠 I 수용소, 작센하우젠 수용소 메모리얼에서는 수용소 유적을 보존하고 기존 수용소의 공간구조와 조화를 이루기 위해 제한적으로 모뉴먼트를 설치하였다. 역사적 장소와 유물을 보전하는 것은 기념을 위해 가장 중요하고 보편적인 방법이기 때문이다. 한편, 베르겐-벨젠, 트레블링카, 소비보르, 헤움노, 베우제츠, 야세노바츠 수용소와 같이 시설이 완전히 파괴되었던 곳에서는 발굴을 통하여 확인된 유해와 유적을 보호하고, 장소적 기념성이 있는 곳에 상징적이거나 은유적인 모뉴먼트를 설치하고 메모리얼을 조성하였다.

마이다네크, 소비보르, 베르겐-벨젠 수용소 메모리얼에서는 공동묘지를 보존하고 유해를 발굴하여 마우솔레움, 오벨리스크, 피라미드 등의 기념물을 세워서 홀로코스트 희생자를 추모하였다. 대부분의 수용소 메모리얼에서는 학살의 현장이었던 가스실, 화장장, 죽음의 길 등 유적을 발굴하고 시설을 보호하여 과거 기억을 되살리고 장소성이 있는 곳에 기념물을 세웠다. 특징적으로 다하우 수용소 메모리얼에서는 천주교, 기독교, 러시아정교, 유대교회를 세워서 희생자를 추모하고 종교적 화해와 평화를 보여주었으며, 가장 최근에 조성된 베우제츠 절멸수용소 메모리얼에서는 유대인 마을과 유대교에 근거한 다수의 상징과 은유적 표현을 통하여 집단적 정체성을 강하게 나타내었다. 이와 같이 홀로코스트 모뉴먼트는 영웅적 칭송이나 승리를 기념하기 위한 전통적 조형물과 달리 인류에 대한 범죄 및 고통과 집단적 정체성을 나타내고 있으며, 희생자 추모와 사건 및 장소의 기억을 강조하였다.

또한, 헤움노, 소비보르, 다하우, 마이다네크, 트레블링카, 아우슈비츠-비르케나우 수용소 메모리얼에서는 대표적 모뉴먼트를 찾아 볼 수 있다. 헤움노 수용소 메모리얼

독일민주공화국 메모리얼의 기념군상: 1958년에 만들어진 프리츠 크레머의 「수감자의 저항(Revolt of the Prisoners)」이다. 전형적인 공산주의양식의 청동상으로, 영웅적 희생자를 나타내는 야윈 수감자들이 저항하는 이미지를 보여 준다.

의 대형 콘크리트 조형물은 희생자를 추모하고 과거를 기억한다는 은유적 메시지를 전달하고 있으며, 소비보르 수용소 메모리얼에는 희생자를 추모하는 어린아이를 안은 반추상 여인 조각상과 가스실을 암시하는 모뉴먼트가 세워져 있다. 다하우 수용소 메모리얼의 점호광장에는 철조망에 걸린 인간의 몸을 은유적으로 표현하는 청동조각이 설치되었으며, 아우슈비츠-비르케나우 수용소 메모리얼에 세워진 '수용소 희생자의 모뉴먼트'는 지나친 추상성으로 인하여 사실적 표현을 요구받기도 하였다. 베르겐-벨젠 수용소 메모리얼의 '오벨리스크와 기억의 벽'에서는 과거를 기억하고 희생자들을 추모하였으며, 마이다네크 수용소 메모리얼에서는 '투쟁과 순교의 모뉴먼트'에 의해 희생자를 추모하고 참혹한 기억을 되살리고 있다. 아울러, 트레블링카 수용소 메모리얼에서는 수용소의 기억을 되살리기 위해 다수의 상징적이고 은유적 매체를 통하여 희생된 유대인을 추모하고 절멸수용소의 잔혹한 기억을 되살렸고 유대인의 집단적 정체성을 표현하였다. 특징적으로 공산주의 정권을 위한 목적을 가졌던 부헨발트 수용소 메모리얼의 독일민주공화국 메모리얼에 설치된 자유와 빛을 상징하는 「수감자의 저항」 조각은 기념의 모뉴먼트에서 나타날 수 있는 정치적 의도를 잘 보여 주고 있다.

메모리얼은 기억, 애도, 회고 및 치유, 의식, 집합적 행동의 장소로서 역할을, 메모리얼 경관은 지적·감정적·정신적·공동체적 기능을 수행한다. 홀로코스트와 관련된 사건과 장소를 해석하고 유대인과 집시 등 희생자를 추모하고 후대를 위한 교훈이 될 수 있도록 하는 것이 모뉴먼트를 설치하고 메모리얼을 조성하는 기본 목적이지만, 이곳에서 기념물은 과거의 사건에 대한 공동의 기억과 해석이 형상화된 문화적 상징물이기도 하다. 여기서 이념의 우월성을 강조하고 국가나 집단의 명분을 높이기 위한 정치·사회적 목적을 배제할 수 없으므로, 기념공간을 둘러싼 사회적 담론이 발생하게 된다. 우리는 기념물에 나타난 것, 간과한 것, 그리고 숨겨진 것을 동시에 읽어야 하는 어려움이 있지만, 메모리얼에서 개인과 집단 그리고 국가는 그들 자신의 기억, 문화, 이해관계에 따라 다양한 생각과 상상력이 혼재되는 것이 불가피하다.

4

강제수용소의 기념적 경관에 나타난 의미

수용소와 기념공간의 병치

연합군에 의해 해방되었던 다하우 수용소, 마이다네크 수용소, 아우슈비츠 수용소에서는 부지의 공간적 골격을 유지한 채로 시설이 남겨졌으나, 나치가 홀로코스트 학살을 은폐하고자 했던 트레블링카 수용소, 베우제츠 수용소, 소비보르 수용소, 헤움노 수용소는 완전히 파괴되었으며, 인공적으로 조림되거나 경작지로 오용되기도 하였다. 이렇게 다하우 수용소, 마이다네크 수용소 등에서 수용자 막사 등 일부 시설의 파괴가 있었지만, 생존자들의 노력과 함께 독일과 폴란드 정부에서 강제수용소 시설을 보전하기 위한 법률을 제정하여 수용소 유적과 경관은 보전될 수 있었다. 그 결과, 다하우 수용소, 마이다네크 수용소, 아우슈비츠-비르케나우 수용소에는 화장장 및 가스실, 경비초소 및 전기철조망, 배수로 등의 시설이 일부 남겨졌으며, 비르케나우 수용소, 트레블링카 수용소, 소비보르 수용소에서는 수감자들이 이송되었던 철로 및 플랫폼이 남겨져 당시의 상황을 회상하게 하는 상징적 요소로 자리 잡고 있다. 이러한 수용소 경관과 다르게 마이다네크 수용소 메모리얼, 소비보르 수용소 메모리얼에서는 발굴된 희생자 유해를 봉안하기 위한 대규모 마우솔레움이 건립되었고, 완전히 파괴되었던 트레블링카 수용소와 베우제츠 수용소에서는 기억을 되살리고 집단적 정체성을 나타내기 위한 메모리얼이 조성되었으며, 다른 곳에서도 희생자를 추모하고 사건을 상징적으로 나타내기 위한 기념조각이 설치되었다. 이와 같이 홀로코스트가 일어났던 수용소 부지는 그것 자체로서 비극적 사건의 현장감을 느낄 수 있는 강렬한 기억의 장소가 되었고, 수용소의 공간적 구조에 영향을 주지 않으면서 희생자를 추모하고 발굴된 유해를 봉헌하기 위한 마우솔레움과 치유와 화해를 위한 종교적 시설, 그리고 홀로코스트에 대한 공공의 기억을 위한 상징적 기념물이 병치되어 있다.

자연 경관과 폐허의 미학

강제수용소는 시설을 은폐하기 위한 목적으로 대부분 도시로부터 격리된 자연지역에 위치하였고, 수용소를 폐쇄하면서 의도적으로 시설을 파괴하고 조림을 하였기 때문에 숲으로 둘러진 자연 경관이 압도적이다. 이곳의 역사를 알지 못하는 방문객은 잡초가 무성하고 황량한 대지나 평화롭고 목가적인 경관으로 느낄 수도 있어서, 수용소에서 벌어졌던 참혹한 역사와 장소적 의미를 이해하기 어려울 수 있다. 베르겐-벨젠과 돈야 그라디나 수용소 메모리얼에서 넓게 펼쳐진 초지와 그 옆에 무성하게 자란 숲이 대표적이다. 트레블링카 수용소, 소비보르 수용소, 헤움노 수용소에서 나치는 학살의 흔적을 없애기 위해 의도적으로 파괴하였고 심지어는 인공적으로 조림을 하였다. 이후 수십 년 동안 잊힌 상태로 남아 있어서, 수용소 경관은 시간의 흐름 속에 자연의 영향에 취약해졌다.

아우슈비츠-비르케나우 수용소의 부서진 화장장, 다하우 수용소와 마이다네크 수용소에 남겨진 막사, 베르겐-벨전 수용소의 공동묘지, 트레블링카 수용소 메모리얼의 유해 등에서 나타나는 유적과 폐허는 충격적인 이미지로 다가온다. 지금까지 수용소에서는 정원을 꾸미거나 대지조형을 통하여 형상화하기보다는 경관을 보전하고 역사적 유물을 발굴하는 데 초점을 두었고, 제한적으로 기념조각과 건축물이 건립되었기 때문에 경관 변화는 크지 않았으며, 흔적을 남긴 채 비워진 부지와 이를 둘러싼 자연 경관이 두드러진 특징으로 나타났다. 그래서 무너져버린 화장장, 빈터만 남겨진 가스실, 불태워진 막사에서 시간의 역사 속에 갇혀 있는 파괴된 자취로 폐허의 황량함을 느낄 수 있으며, 베르겐-벨젠 수용소에서 쓸쓸한 바람을 맞거나 부헨발트 수용소에서 눈 덮인 수용소 경관을 봄으로써 혹독하고 잔인했던 홀로코스트를 직접 느끼고 자유로운 사고를 할 수 있는 폐허가 주는 미학을 이해할 수 있다.

기억의 진정성과 기념성의 구현

강제수용소가 기념공간으로 탈바꿈한 뒤, 다하우 수용소 메모리얼에서 천주교교회, 개신교교회, 유대인 메모리얼, 러시아정교회 등의 종교시설, 베르겐-벨젠 수용소 메모리얼의 '오벨리스크와 기억의 벽', 비르케나우 수용소 메모리얼의 '수용소 희생자의 모뉴먼트', 마이다네크 수용소 메모리얼의 '마우솔레움'과 '모뉴먼트 게이트', 소비보르 수용소 메모리얼의 '피라미드', 트레블링카 수용소 메모리얼의 '메노라 모뉴먼트' 등이 수용소 부지에 만들어졌다. 참혹한 사건을 기억하고 이곳에서 죽거나 살해된 사람들을 추모하며, 장소적 의미를 나타내고자 기념의 장소에는 다양한 형태의 기념물이 설치되었다. 희생자의 고통이 남겨진 곳으로서 적막하고 우울하며, 빛바랜 포로수용소로 남기기보다는 공공의 기억을 위해서 기억의 장소에 기념물을 세워 예술적 표현을 하는 것이 매력적일 수 있다. 그러나 기념물은 과거의 사건을 현재에 놓는 것이고 기억을 고착화할 수 있으며, 깊은 회고보다는 단순한 감정적 카타르시스를 조장할 수 있다는 우려가 있다. 특히 홀로코스트와 같이 기억이 불확실하고 희생자 묘비가 없는 곳에서 더욱 그렇다.

다하우 수용소와 베르겐-벨젠 수용소에서 생존자들이 메모리얼 부지의 보전을 위해서 노력한 것과 독일 및 폴란드에서 수용소 부지를 보전하기 위해 제도적 장치를 마련한 것도 부지의 보전이 기념의 행위로서 진정한 역사의 보전이며, 수용소 부지는 역사를 기억하는 중심적 장소가 되어야 했기 때문이다. 이와 같이 홀로코스트 강제수용소 메모리얼에는 사건 및 장소 기억의 원형으로서 수용소 부지의 진정성을 살리기 위한 노력과 함께 희생자를 추모하고, 비극적 사건의 재발을 방지하고 반성하며 화해하기 위한 기념성이 구현되어 있다.

종교, 이념, 정치·사회적 갈등과 화해

1939년부터 1945년까지 제2차 세계대전 중 발생한 홀로코스트는 유대인·집시·장애인들이 살았던 도시, 더욱 제한된 게토에서 시작하여 희생자들이 대규모로 학살된 강제수용소와 '죽음의 행진' 등 다양한 공간적 배경을 두고 발생하였다. 이 비극적 사건에 대하여 조사·증언을 통한 많은 연구가 이루어져 왔지만, 그 원인과 결과에 대해서는 끊임없는 담론이 형성되어 왔다. 홀로코스트를 기억하고 기념하는 데 있어서는 더욱 논쟁적이다. 그것은 사건과 관련하여 나치즘, 파시즘, 반유대주의, 시오니즘, 공산주의, 사회주의, 자본주의 등 다양한 이데올로기가 작동하면서, 종교적 박해와 인종 차별이 있었다. 전쟁이 끝난 후 독일이 통일되고 동유럽이 자유화되기까지 공산주의와 자본주의는 오랜 대립의 시간이 있었으며, 때로는 홀로코스트를 정치적으로 이용하려는 목적으로 국가별로 이해를 달리했기 때문이다.

나치 통치하에 반유대주의는 국가의 독트린doctrine이었기 때문에, 유대인 교회와 유대인 공동체가 파괴되었다. 강제수용소가 해방된 1945년 이래로, 분단된 동독과 서독에서 홀로코스트에 대한 기억은 서로 다르다. 소련군의 지원을 받은 동독 공산당은 공산주의가 파시즘과 서구 자본주의에 승리하였다고 메모리얼을 이용하여 선전하였지만, 서독 및 자본주의 진영에서는 생존자의 증언, 『안네 프랑크의 일기』 등 홀로코스트를 주제로 다룬 책·영화 등 문화적 활동을 통하여 홀로코스트의 참상을 알게 되면서 충격에 빠졌다. 망각의 시간이 흘러 1960년대 후반의 학생운동은 인종학살에 대한 침묵을 깨뜨렸고, 이후 기념을 위한 요구가 서독을 휩쓸었다. 1968년 다하우 수용소 메모리얼이 다시 개장하였고, 베르겐-벨젠 수용소에 메모리얼이 만들어졌으며, 홀로코스트 강제수용소 메모리얼에서는 유대인 희생자를 추모하는 기념물이 만들어졌다. 다하우 수용소 메모리얼의 유대인 모뉴먼트, 트레블링카 수용소 메모리얼의 모뉴먼트, 베르겐-벨젠 수용소 메모리얼의 유대인 추모탑, 특히 베우제츠 수용소 메모리얼에서는 유대인의 희생을 강조하고 있다. 한편으로는 다하우 수용소 메모리얼에서 볼

룩셈부르크 미국 참전용사 묘지 메모리얼(Luxembourg American Cemetery and Memorial): 제2차 세계대전에 참전하여 죽은 미군 병사들의 묘지이며, 종교에 따라 유대인은 '다윗의 별', 다른 미군 병사들은 십자가로 묘비석이 세워져 있다. 묘역의 맨 앞에는 전쟁 후 1945년 12월 죽은 조지 패튼(George S. Patton) 장군의 묘도 있다.

'화해(Reconciliation)'의 조각: 베를린 장벽 메모리얼(Berlin Wall Memorial; Gedenkstätte Berliner Mauer)에 영국의 조각가 조세피나 드 바스콘셀로스(Josefina de Vasconcellos)에 의해 만들어진 조각으로, 제2차 세계대전으로 인한 대대적인 파괴와 유린으로부터 화해를 갈망하는 것을 나타낸다. 복제된 작품은 전쟁으로 심각한 피해를 입었던 장소인 히로시마 평화기념자료관(Hiroshima Peace Memorial Museum)과 코번트리 대성당(Coventry Cathedral)에도 설치되어 있다.

수 있는 유대교·천주교·개신교 교회가 함께한 종교적 화해와 1970년 서독의 빌리 브란트 총리가 바르샤바 봉기 모뉴먼트 앞에서 무릎을 꿇고 나치 범죄에 사죄하는 등 정치 지도자들의 반성과 화해의 노력은 홀로코스트의 치유를 위한 중요한 정치적 역할을 하고 있다. 홀로코스트 메모리얼에는 서로 다른 이념과 정치체제를 선전하기 위해 이용되기도 하였지만, 희생자를 추모하고 야만적 상황에서 벌어진 비극을 되풀이하지 않기 위한 다짐이 잘 나타나 있다.

제2차 세계대전 후 미국을 중심으로 하는 자본주의와 소련이 주도하는 공산주의의 이데올로기가 대립하면서, 우리나라는 냉전의 피해와 유산을 가장 크게 물려받은 나라가 되었다. 한반도에서 6·25전쟁이 끝난 지 거의 70년이 되어가고 있지만, 전쟁의 상처는 아직도 곳곳에 남겨져 있으며, 대립은 진행형이다. 그 때문에 6·25전쟁 메모리얼에서는 애국주의와 영웅주의를 강하게 고양하고 있다. 홀로코스트 메모리얼에서 보았던 이념 및 정치·사회적 갈등을 극복하기 위한 노력과 사례는 우리에게 귀감이 될 것이다. 21세기는 다양성이 존중받는 시대가 되어야 한다. 이제 우리는 집단, 종교, 이념, 정치제도의 차이를 뛰어넘어 화해하고 사람을 지키는 것에 더욱 관심을 가져야 한다.

맺음말

기억은 비극적 사건과 장소를 연결하고, 역사적인 과거의 사실을 밝히고, 감정을 부지에 불어넣는 역할을 한다. 많은 기억의 장소와 메모리얼을 통해, 사건이나 장소에 대한 기억의 역할이 얼마나 중요한지 알 수 있다. 그런데, 무엇을 기억해야 하는지, 우리의 기억은 정확한 것인지에 대한 의문이 들기도 한다. 시간이 흐르면서 홀로코스트의 생존자가 거의 사라졌기 때문에, 파편과 같은 유적이나 기록을 통하여 기억될 것이다. 더구나 기억의 과정은 능동적이고 활성화되어 있으며 계속해서 재형성될 수 있으므로, 자칫 홀로코스트 현장의 왜곡된 기억에 의해 과거 발생한 사건의 환영幻影에 사로잡힐 수도 있다. 원하는 기억이나 상상의 기억은 부정확하다. 심지어는 의도적으로 기억의 오류를 노리는 집단이 준동蠢動하여 역사적 사실을 왜곡하기도 한다. 누구에게는 불편한 역사이지만, 어느 집단에게는 새로운 목적을 위한 수단으로 사용되기도 하였다. 더 두려운 것은 기억을 망각하고 이러한 의도적 범죄를 묵과하는 우리의 태도이다.

제2차 세계대전이 끝난 후 75년이 지난 지금, 유럽 여러 도시에 게토 및 홀로코스트와 관련된 많은 장소와 많은 홀로코스트 수용소 메모리얼이 있지만, 사건의 기억과 장소에만 지나치게 의존하여 그곳에서의 느낌은 직설적이며 감정적일 수 있다. 이런 점에서 무엇을 어떻게 기념할 것인가가 더욱 중요해진다.

기념의 경관으로서 메모리얼은 개인과 공공의 기억을 유형화한 장소로서, 기념을 위한 행위를 통해 구현되고 시간의 흐름에 따라 변화하는 역사적 경관의 특성을 보여 주게 된다. 역사적 사실을 기억하고 회고하며, 반성과 함께 미래를 향한 다짐과 약속을 보여 주어야 한다.

그러나 기념의 행위는 의도적이며 수단화할 수 있다. 사건의 기억을 넘어서 그 시대의 사회적 가치와 정치적 목적을 담기 때문이다. 그렇기에 강제수용소 메모리얼에 대한 담론은 새로운 것이 아니다. 메모리얼의 규모가 크건 작건 메모리얼의 형태·기능·의미에 대한 논쟁이 계속되어 왔다. 특히 개인의 희생을 추모하면서 서로 다른 집단과 국가의 정체성을 보여 주어야 한다는 점에서 대립적이었다. 때로는 전쟁에서의 승리뿐만 아니라 희생과 고통을 기억하고 형상화하면서, 정치·사회적 갈등은 불가피했다. 게다가, 홀로코스트 메모리얼은 고착화한 결과물에 그치지 않고 방문객과 상호작용을 하기 때문에, 방문객의 인식과 태도에 따라 기념의 내용은 재해석할 여지가 있기 때문이다.

홀로코스트의 장소와 강제수용소는 나치에 의해 의도적으로 파괴되었거나 해방 후에는 군부대나 수용소로 오용되거나 훼손되기도 하였으며, 시간이 흐르면서 자연적으로 변화하였다. 남겨진 게토나 홀로코스트와 관련된 장소도 마찬가지이다. 더구나 제2차 세계대전이 끝난 후 냉전시대가 개막되고, 독일과 유럽 그리고 미국에서 홀로코스트에 대하여 변화하는 정치·사회적 견해가 반영되기도 하였다.

인간으로서 우리는 홀로코스트로부터 완전히 자유롭지 않다. 홀로코스트는 갑자기 일어난 것이 아니다. 일련의 과정과 사람을 둘러싼 환경이 있었다. 주모자가 있었고, 조력자·방관자들도 그들에게 주어진 환경에서 역할을 하였다.

우리의 관심은 인간에 대한 근본적 질문으로 귀착된다. “인간은 무엇인가?” 한나 아렌트가 『예루살렘의 아이히만』에서 말과 사고를 하지 않는 ‘무사유’와 ‘무관심’, 인간 모두가 가질 수 있는 ‘악의 평범성’ 때문이라고 말한 것을 떠올린다. 나치에 의해 홀로코스트가 자행되는 동안 다수의 선한 사람들도 침묵하고 무관심하였다. 히틀러가 유대인의 시민권을 빼앗고 강제추방 정책을 시행했을 때, 유대인을 난민으로 받아들이는 나라가 거의 없었다는 점은 깊게 반성해야 한다.

자본주의나 공산주의, 혹은 민주주의와 같은 이념을 뛰어넘어 민족이나 집단의 증오심, 우월감 등 인간에게 내재된 본능이 '홀로코스트'라는 무섭고 비극적인 사건을 촉발하였음을 생각해 볼 일이다. 거대한 이데올로기보다 이기적인 집단본능이 더욱 강하고 영속적이다.

인간사회가 진보하고 과학기술이 발전한 문명사회인 현대에도 차별과 학대는 계속되고 있다. 인간 유전자에 새겨진 이기심과 집단본능은 아직도 선명하게 남겨져 있으며, 인간은 크게 이성적이거나 지혜로워지지 않았다. 또 다른 홀로코스트를 일으킬 수 있다. 역사가 일깨우는 전쟁과 인종차별의 비극을 망각하고 또 다시 이런 실수를 되풀이하지 않아야 한다.

수용소 메모리얼을 둘러싼 자연은 모든 것을 다 알고 있으면서 무심한 듯, 무고한 희생자의 영혼을 보듬어 안고 상처받은 마음을 위로하며, 잔혹한 인간의 모습마저도 받아들인다. 우리의 기억은 흑도 백도 아닌 회색빛 운무雲霧를 헤매고 있는 것은 아닌가? 그래서 홀로코스트 메모리얼을 통한 성찰省察은 소중한 것이다.

프랑크푸르트 공원묘지(Trauerhalle Hauptfriedhof Frankfurt)에 있는 전쟁 모뉴먼트: 프랑크푸르트 공원묘지에 있는 전쟁 추모 모뉴먼트 내부에는 영면(永眠)하고 있는 병사의 조각이 있으며, 추모관 돔 위로 개방된 천장과 사각형의 입구는 망자(亡者)의 닫힌 공간과 세상의 열린 공간이 대조를 이루고 있다. 나치가 일으킨 전쟁과 학살의 책임을 반성하는 노력과 동시에 전쟁 중 전사한 병사의 죽음을 추모해야 하는 독일의 복잡한 고민이 병치된다.

찾아보기

ㄷ

ㄹ

ㅁ

ㅂ

ㅅ

ㅇ

ㅈ

ㅊ

ㅋ

ㅌ

ㅍ